FASHION

时尚达人的
服饰潮搭与网购指南

倪佩婕 编著

人民邮电出版社
北京

图书在版编目（ＣＩＰ）数据

时尚达人的服饰潮搭与网购指南 / 倪佩婕编著. --
北京 ： 人民邮电出版社，2017.1
ISBN 978-7-115-43758-7

Ⅰ．①时… Ⅱ．①倪… Ⅲ．①服饰美学－指南②网上
购物－指南 Ⅳ．①TS941.11-62②F713.365.2-62

中国版本图书馆CIP数据核字(2016)第281473号

内 容 提 要

　　本书是服饰穿搭与网购的指导手册。本书首先介绍了服装廓形、色彩及流行趋势，然后针对通勤、小清新、运动/居家风、度假风、复古文艺风、中性风、节日风 7 种风格的服装进行了详细讲解。本书给出了大量的穿搭示范，教读者根据自身的特点及将要出席的场合选择服饰，同时对多种面料进行了深度解析。此外，本书介绍了网购的方法及网购安全的相关知识，可以使读者在网购时更加得心应手。

　　本书适合服装搭配师阅读，同时可供爱美、爱网购的女士学习和使用。

- ◆ 编　　著　　倪佩婕
　　　责任编辑　　赵　迟
　　　责任印制　　陈　犇
- ◆ 人民邮电出版社出版发行　　北京市丰台区成寿寺路 11 号
　　邮编　100164　　电子邮件　315@ptpress.com.cn
　　网址　http://www.ptpress.com.cn
　　北京顺诚彩色印刷有限公司印刷
- ◆ 开本：787×1092　1/20
　　印张：12.4
　　字数：453 千字　　　　　　　2017 年 1 月第 1 版
　　印数：1—3 000 册　　　　　 2017 年 1 月北京第 1 次印刷

定价：59.00 元
读者服务热线：(010)81055410　印装质量热线：(010)81055316
反盗版热线：(010)81055315
广告经营许可证：京东工商广字第 8052 号

Preface 前言

　　随着人们生活水平的日益提高，许多消费者，尤其是女性对于穿着打扮有了越来越高的要求。得体的穿着可以很好地提升一个人的气质，同时让我们对自己的生活更加充满信心。拒绝千篇一律的打扮，穿出适合自己的风格，彰显个性，也是我们对美的不断追求。

　　去年，我非常高兴能收到出版社的邀约，开始编写这本关于服装穿搭与网购心得的书籍。作为一名时尚博主，平时除了与时尚为伴，我更喜欢用文字记录和总结自己的穿搭与美妆心得。随着互联网的普及，我开始把博客当作日记，后来有了微博和其他社交、自媒体平台之后，我从一个摄影行业的从业者跨跃为模特、博主及网店店主等。如今我作为一名时尚撰稿人，习惯把各种关于时尚的新潮玩意儿和自己的亲身尝试与见解都一一记录下来，用心地发布在自媒体平台上。在本书中，我将这些年积累和沉淀下来的成果集结起来，分享给每一位希望在穿搭上有所提升的女性。让我们共同学习、共同进步，无论身处何种环境，都要穿出美与自信。

　　这里不得不说的是，我并非服装行业的专业人员，但作为买家、模特、试客及淘宝服装店店主，我有着六七年的相关领域的经验，对服装搭配、护肤彩妆选择及网购都有着深刻的了解。正因为我涉猎诸多领域，对于网购的买方和卖方都有所了解，相比纯粹的买家或卖家的角色而言，更多了一份切身体会，且深知个中滋味。

　　在本书中，我将多年的心得整理成图片和文字，分享给读者。希望本书能给需要获取搭配建议和学习网购知识的人提供一点帮助，让大家找到适合自己的穿衣搭配方法，避免穿不适合自己的爆款服装，而让自己丧失该有的个性。希望广大读者在穿出时尚、美观的同时，又能够彰显独特的品位。随着高街服装和网购的发展，时装周的T台服装不再那样遥不可及，我们在日常生活当中，同样也能穿出如同超模、明星般的感觉，从而提升生活质量，并提高美学修养。

　　在阅读本书时，如果您有不同的见解，还请多多赐教，更欢迎时尚圈的资深人士给本书提出宝贵的意见。

　　在此，感谢我的团队（苏州印迹摄影工作室）全体同仁的辛苦付出，尤其感谢我的母亲——她是一位美术老师，承担了本书大部分的摄影工作。同时，感谢我的合作团队苏州VT婚纱摄影工作室的总监则辛、化妆师和数码师；感谢编辑曹祥莉一直以来的鼓励与支持；感谢我的好友镜子、依依、沁沁、周周、筱月、小星、阿文、小勇和其他在本书创作与筹备过程中帮助过我的朋友。正因有你们的鼎力相助，本书才得以面世。

倪佩婕

Contents 目录

01

服装廓形、色彩及流行趋势

1.1 常见的服装廓形与分类

常见的服装廓形有H形、A形、O形、X形、Y形和S形。而这些廓形的服装分别适合怎样身材的人穿，是我们在平日购买服装时需要了解的。这样我们在购买服装的时候就会比较有针对性地选择，并且在网购时可通过搜索廓形关键词来精确搜索范围，而且可以有效地避免犯"选择困难症"的情况。

◈ H形服装

H形服装从外形上看，就如同字母H一般，没有收腰的部分，胸围、腰围及臀围的差别不大，这也就是我们通常讲的直筒形服装。此类服装常见于通勤连衣裙和秋冬季外套。正因为其三围区别不大，才成为显瘦的"利器"。H形服装特别适合梨形身材的人穿着，虽为直筒，但是下摆会比腰围稍大一点，因而长款的H形服装能够遮盖肥胖的臀部和较粗的大腿部位。

适合年轻人的H形服装更能体现中性、运动的一面，不收腰的设计能完全将腰部的赘肉掩藏起来。

◈ A形服装

A形服装从外形上看，呈上窄下宽的形状，这种款式常见于连衣裙、半身裙及娃娃衫上衣，下摆呈夸张的A字形设计样式。

在冬季服装中，A形设计被运用到呢大衣、羽绒棉服等服装中。这类服装穿起来显得十分俏皮，不收腰的款式不仅展现了蓬蓬的下摆，还能遮掩住身材的不足之处。有些大胆和设计感夸张的A字形大衣(斗篷形)连孕妇也可以穿，而且不会显得臃肿。

◈ O形服装

O形服装从外形上看，像一枚可爱的蚕茧，两头窄、中间较宽。因完全的O字形太过圆润、夸张，大部分人难以驾驭，所以网上常见的茧形外套都是经过改良的，常与H形或A形设计相结合。O形服装多见于冬季的呢大衣、羽绒服等服装。

◈ X形服装

X形服装从外形上看，与O形相反，呈两头宽、中间窄的状态，对肩宽与腰围要求较高。当然，目前的服装款式千变万化，某些H形的服装只要在腰部系上一根腰带，就可以立刻打造成A形或X形的服装样式，一衣几穿，适合不同身形的人穿。

◈ Y形服装

Y形服装从外形上看，如一只平面式的漏斗，而成衣便呈立体的圆锥形样式。这种服装的肩部较为夸张，下部收缩，形成上宽下窄的对比效果，下部线条较为流畅，可以重塑身形线条，使身材更显曼妙、修长。此廓形的服装高贵典雅，又带有一丝英气。

不过，此廓形的服装大多不太适合身材矮小的人穿，因为矮小的身形很难Hold住其强大的气场。

◈ V形服装

V形服装可以说是Y形的变异体，从外形上看，呈一个倒三角形，肩部较宽且稍显夸张，下部收拢，尤其凸显腰部的纤细。这种服装常见于性感的深V礼服或一粒扣西服外套。不建议矮胖的人穿此廓形的服装。

◈ T形服装

　　T形服装从外形上看，肩部较宽且显夸张，下部收起变窄或呈直筒形。此廓形的服装多见于修身或直筒T恤衫、一字肩或卡肩上衣及连衣裙的设计制作中。

◈ S形服装

　　凸显姣好身材的S形服装能将你美妙的身体曲线展露无余。不过此类服装对身材的要求较高，需要拥有丰满的胸部、平坦的腹部及挺翘的臀部才可以驾驭。

　　以上介绍的是常见的几种服装廓形，由此能够衍生出许许多多不同板型的服装来。除此之外，款式便是构成服装的重要组成部分。在本书的后续章节中，我们会继续提及关于服装的廓形与款式分类，还会讲解如今网购中较受欢迎的几大风格的女装搭配，结合笔者的网购心得，与大家一起分享服饰搭配的相关技巧。

1.2 服装色彩与肤色搭配

　　对于初学者来说，色彩搭配的知识是必须熟悉和了解的。太过新潮的色彩穿搭法并不太适合初学者，因此这里我们可以先将撞色等搭配暂时放在一边，从最简单的搭配法则开始学习色彩搭配。

　　平时，想必大家也经常听说，身上穿的衣服不要超过3种颜色，颜色过多就容易导致人的视觉混乱，从而影响衣服的美观。

　　在开始的时候，可以使用不太会出错的黑色、白色、灰色3种颜色去搭配其他颜色（如红黑色、蓝黑色、红白色、粉白色、蓝白色、灰白色、灰黑色及灰蓝色等）；也可以尝试同色系的不同饱和度、色相和明暗程度的服装色彩搭配，主搭的单品颜色面积可大一些，颜色偏深一些，对于辅助搭配的单品，颜色选择相对较浅一些的颜色，如此便能够起到提亮的作用，并能够凸显服装层次的渐变效果，不会因主搭单品颜色面积过大而显得过于出挑。

1.2.1 肤色偏白人群的搭配

　　俗话说"一白遮百丑"，所以皮肤白皙的女性穿搭服装会更容易一些，她们在选购服装的时候，并没有太多的禁忌。这类人群想要给面部皮肤带来白里透红的效果，可以购买较亮的暖色系服装，如红色、橘色、粉色及驼色等。这类色彩经过光线折射到面部，会营造出天然的腮红效果。

　　较为瘦削且皮肤白皙的人很适合白色服装，因白色服装带有外扩膨胀的视觉感，能够弥补身体瘦小的不足，凸显较为健康的体态。而较为丰满或肥胖的人则不太适合穿色彩偏明亮的服装，这类服装会将略显丰满的身材如吹气球一般无限放大，从而使人显得更胖。

　　肤色白皙的人在视觉上往往给人高冷的感觉，而穿大面积冷色系的服装则更会给人带来寒冷感和距离感。这时我们可以通过色彩搭配比例来中和这一点，尽量将服装中的青色与蓝色所占的比例降低。不过，在职场穿冷色系的服装会给你增添强大的气场，并提升精气神。

1.2.2 肤色暗黄人群的搭配

　　肤色偏黄、偏暗的人在选购服装的时候，尤其要对色彩有所了解，因为某些色彩的服装会使肤色显得更加黯淡无光。

　　肤色偏黄、偏暗的人不妨尝试一下宝蓝色、宁静蓝色等颜色的服装。这类颜色为黄色的对比色，中间可用白色单品作为过渡。这类人也可以尝试裸粉色、玫红色、正红色或红蓝相融合的紫色服装。如果你有购买和使用隔离霜的习惯，就会知道，紫色的隔离霜产品能够中和并修饰暗黄的肤色，从而使得皮肤白里透粉。而这也是利用了对比色的原理。

　　肤色偏黄、偏暗的人应避免挑选陈旧的服装款式，否则暗黄的肤色加上偏墨绿的服装会减弱光线的折射作用，没有光线反射到脸上，皮肤自然不会得到提亮。如果一定要穿陈旧的服装款式，建议选择黑色，或者加上银色的配饰和鞋子，起到整体提亮的作用。同时，此类肤色的人还应避免穿荧光色系的服装，如荧光黄色、荧光橙色等，这类服装发光的膨胀感会和你的肤色形成鲜明的对比。穿上这样的服装想必会闪耀非常，而此时你的皮肤也只会被它衬托得黯淡无光。

　　不过，这并不意味着暗黄肤色就不能穿暖色服装。金色与荧光色不同，虽然同样给人闪闪的感觉，但它能和黄色的皮肤形成相辅相成的效果。穿上金色的服装，你的皮肤就好比沙滩，而金色就好比阳光，那么谁会说阳光加沙滩的景致不美观呢？它能使偏黄的皮肤富有光感，凸显出小麦色皮肤的健康美感，而不至于造成喧宾夺主的情况。

1.2.3 肤色偏黑人群的搭配

　　肤色偏黑、偏暗的亚洲人在挑选和穿衣方面比较有难度。因为亚洲人的五官不如欧美人种那么立体。而黑种人即便皮肤黝黑，五官轮廓还是很清晰的，因而对于服装色彩的驾驭也较有优势。

　　皮肤偏黑的亚洲人应尽量选择带有提亮肤色作用的浅色系的服装。注意，这里强调的是提亮而不是对比。如果皮肤偏黑、偏暗的人穿颜色较鲜艳的服装则易造成喧宾夺主的情况，因此可选择低饱和度且色彩柔和的服装。

　　此时，我们不妨尝试一下粉水晶色和米色系的服装。这里需要讲解一下服装色彩所涉及的饱和度，简单地说，饱和度是指我们穿的服装艳丽的程度。同一种颜色，只要加入了不同比例的消色成分（灰色）就会产生不同的颜色，如正红色或正蓝色中加入的消色成分越多，饱和度就会越低，颜色自然也不会像之前那样鲜艳，如果再加入白色或是其他与灰色混合的颜色，那么饱和度也就会更低。建议这种肤色的人和较陈旧外观的衣服说Bye bye，应避免穿较深的大地色系（如深咖啡色等）的服装，且更应避免穿黑色的服装，否则它会让你与服装融合到一起，彻底显得灰暗无光。

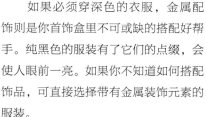

　　如果必须穿深色的衣服，金属配饰则是你首饰盒里不可或缺的搭配好帮手。纯黑色的服装有了它们的点缀，会使人眼前一亮。如果你不知道如何搭配饰品，可直接选择带有金属装饰元素的服装。

在夏季穿衣的时候，肤色偏黑的人可以选择低领、开衫或无纽扣的服装，以露出脖子或胸部以上的皮肤。这样可以使你的身体在视觉上极具延展性，不至于让人们将目光全部集中在你黝黑的脸上。

此外，运动装也比较适合这类人群穿着，因为室外项目运动员的皮肤几乎都为古铜色，他们穿上运动服会显得健康而充满活力。要尽量避开精致的蕾丝与清新的碎花元素的服装，否则它们会带给你一种乡土气。

许多人都说白色能将黑色衬得更明显，但不要认为皮肤偏黑的人就不能穿白色的服装。我们不妨向白色中加入一些米色，以使其更加柔和，这样能让你显得更加洁净而简约。

以上是较为常见的几种肤色的服装搭配知识。当然，如果细分的话还有很多种。如果用春、夏、秋、冬四个季节来针对肤色进行服装搭配的话，那么还会有多种不同的类别。

由于网购的局限性，我们并不能确切地看到并了解服装穿在身上的效果。如果条件允许的话，不妨先去实体店试穿一些类似的服装，了解一下最新的服装色彩，并且选出适合自己肤色的服装，这样在网购时也能有一定的帮助。在网购时，也可以浏览过往买家对于服装衬托肤色问题的相关评价，以供参考。

此外，我们可以通过化妆来调整肤色，以起到增白和提亮肤色的作用。当你具有好气色后，挑选服装也就更加容易了。

1.3 服装搭配流行趋势简析

1.3.1 流行复古风

目前，上一季流行的复古风格的服装继续受宠。高贵的宫廷系裙装、迷人的几何撞色民族风情服装与摩登的近代服饰成为秀场的主流。

宫廷系裙装与几何撞色民族风情服装多将刺绣、蕾丝、雪纺及棉麻面料工艺相结合，凸显出中世纪贵族与少数民族的服饰特点。

近代服饰搭配以大衣、西服、阔腿裤、抹胸背心及宽松毛衣等为主，凸显了大气的年代感。这种款式主要源自20世纪60年代至90年代。

如今Denim（丹宁风，是指以牛仔面料制成的牛仔服装）也有重整旗鼓的趋势，除了最常见的牛仔裤以外，背带裤、牛仔短外套等复古单品也已占据了各大品牌专柜的一席之地。

在单品搭配方面，流苏水桶包、百搭不易出错的小白鞋、运动鞋及乐福鞋等，都将给整体造型锦上添花。

1.3.2 流行色

目前的流行单色主要包括能凸显好气色的甜美珊瑚红色，颇具神秘感的如深海色彩一般的靛蓝色，如同冰激凌一样清凉的浅蓝色、薄荷绿色，以及让人捉摸不定的孔雀蓝色所衍生出的月长石蓝色和长春花蓝色等。

同时，还有低调且富有生机与韧劲的深水绿色和看似加了一点点粉色的柿子橙色，以及代表活力与温暖的亮黄色等。当我们将这些色彩组合在一起时，仿佛绘制出了一幅"面朝大海，春暖花开"的视觉美景。

珊瑚红色搭配

靛蓝色搭配

浅蓝色搭配

月长石蓝色搭配

长春花蓝色搭配

深水绿色搭配

柿子橙色搭配

亮黄色搭配

还有越陈越香的勃艮第酒红色的搭配，让人具有沉稳高贵的成熟气质；鸽灰色也在新一季的秋冬服装中占有很大的比重，诠释了它与黑白色同属经典色彩的地位；不容忽视的质朴、温雅的大地色系（如卡其色、太妃糖色等）服装，常出现在秋冬毛衣、风衣及呢大衣等通勤类服装中，或出现在同色单品且饱和度不同的混搭风格的服装中。

勃艮第酒红色搭配

鸽灰色搭配

大地色搭配　　　　　　　大地色搭配　　　　　　　大地色搭配

　　此外，还有正红色与正蓝色对比的撞色组合，它能给人极强的视觉冲击力，不会像大红色、大绿色组合那样让人难以驾驭。如果即便如此你也觉得很难驾驭，可以尝试穿白色或色彩饱和度低的打底单品，用于过渡，这样整体搭配便能和谐许多。

　　常见的流行色服装的其他元素有复古图腾印花、粗细条纹及格纹等图案。

　　最后，经典的黑白色组合也永不落伍。设计师们往往通过选择不同的面料来阐释黑白色的层次感与灵动感，凸显简约而不简单的生活理念。

02

通勤服装搭配
要点与选购指南

通勤套装有多个种类和不同风格，并与不同类型的背包、鞋帽及饰品搭配。接下来结合不同的职业、年龄、身材、肤色、季节及场的特点，向大家介绍一些常见的上班族套装搭配技巧。

2.1.1 通勤西服的套装搭配

说到职业装，我们脑海里的印象一般会是笔挺的西服、西裤加伏贴的衬衫，并且主色调往往为黑、白、灰色。以上所说的装束比较适合求职、应聘或公司机构硬性要求统一着装的人群。实际上，对不同季节、不同行业、不同年龄及不同场合的人来说，在通勤西服套装的搭配上也有变化。

下面我们将着重对不同季节的通勤西服的套装搭配进行讲解。

◈ 春末夏初的搭配

春末夏初，同一件西服如何穿出不同的味道，其技巧主要在于"内搭"上。当我们告别肃杀的冬季之后，迎来的是春天，因而内搭服装的色彩也应随之鲜亮起来。这时候白色可谓通勤西服"内搭"中的首选，白色衬衣或打底衫往往具有纯净而透亮的感觉，穿上之后容易使人显现出高贵而典雅的气质。如果经常看欧美时装杂志就可以知道，在欧美的时装周中，一些街拍达人或明星也是白色内搭服装的青睐者。

为了让造型独具一格，在衬衫板型的选择上，我们也可以玩玩"心机"。一般情况下，标准的西服衬衫以尖领和立领为主，给人英气十足的感觉。近年来，随着以精致和优雅而闻名的韩版服饰的流行，西服衬衫在细节上又推陈出新，融入了不少休闲的元素，改良的领口显得更为圆润，并且去除了领口的纽扣，将女性柔美的脖子展现出来，使脖颈的线条显得更加修长。无论是内搭还是直接外穿，这种类型的服装都能给人意想不到的美感。

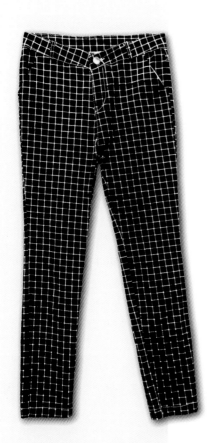

　　为了更显活力，可以将纯色的工装裤改成竖条纹或者格纹的样式，几何的设计感能给人带来很强烈的视觉效果。选择九分裤，让脚踝尽情地裸露和沐浴在初夏的阳光之中，性感而休闲。同时搭配尖头高跟鞋，可以延伸脚背的长度，这样下半身也会显得修长。

　　在套装搭配中，包包的颜色要和内搭相呼应，对于长发的办公室女白领来说，可以适当做一些改变。在炎热的夏天即将到来之际，建议多学习几款简易的盘发，这样不仅可以完美地展现出修长的脖颈与俊俏的脸颊，同时还会让整个人显得精神。

　　入夏之际，不论是开车还是乘坐公交车，我们都需要注意紫外线，防晒功课是必不可少的，这时，太阳镜无疑是标配单品。人体眼睛周围的皮肤非常薄，若长期暴露在紫外线下会导致水分与胶原蛋白流失，从而加速皮肤老化，特别容易出现干纹、细纹。这时为整体着装搭配一副合适的偏光太阳镜，不仅能对眼部起到保护作用，同时也会为造型增添几分时尚气息。

当正式进入夏季的时候，我们上班的穿着可以更加鲜亮一些。这时候时尚界流行的宝蓝色、橘红色及玫红色等色彩都可以运用起来。如果你长时间在有空调的室内工作或者需要防晒，那么一款薄西服外套必不可少。这时候内搭可以选择小背心之类的单品，不管是在室外还是室内，面临升温或降温时，穿上或脱下薄西服外套都会非常方便。

夏天是碎花元素颇受青睐的季节，我们不妨尝试一下绚烂的印花背心。在搭配时，注意背心的主色调要与西服外套相呼应，使整体搭配相对统一。

购买时推荐搜索背心的关键词：碎花、印花、雪纺、日系、韩版、唯美、露背、镂空、蕾丝等。

在穿衣时，可将背心底部塞进下装里边，这样可以适当拉长腰际线，重新调整上半身和下半身的比例，同时在视觉上起到拉长双腿的作用。

如果觉得碎花元素过于吸引眼球，那么色调统一的内搭背心也是不错的选择，只是在具体穿搭时将层次感表现出来即可。

关于下装的搭配，"保守党"往往会选择与上衣一样的颜色。当然，直接购买套装不会有错，但是我们是否可以尝试一下圣洁而时尚的白裤呢？尤其是我们在出街或见客户的时候，白裤的西服套装搭配是非常合适的。腿部较纤细的OL（Office Lady的缩写，办公室女职员）可以选择小脚铅笔裤，就如我们在一些好莱坞明星街拍中经常看到的与超模米兰达·可儿类似的穿着，这样可以将曼妙的身材展现得淋漓尽致。在日光的照射下，白裤西服套装的搭配会让人看起来非常柔美，臀部也显得凹凸有致。

当然，如果你的臀部稍大，有着如好莱坞名媛金·卡戴珊那样的身材，那么要避免选择紧身裤，应选择宽松板型的阔腿喇叭裤，这样能将你的缺点掩盖，并且使整体的穿搭透出一股浓烈的复古味道。

◈ 秋冬季的搭配

　　进入秋冬季节后，我们在选择内搭衬衫的色彩时可以偏向暗色系。这里推荐灰色、紫色或黑色，与季节的特点呼应，同时给人沉稳、庄重的感觉。在西服的选择上，穿一件七分袖的西装，把内部的衬衫袖口反扣并罩住西服的袖口，这样会显得特别时尚。在已故歌手迈克尔·杰克逊曾经的舞台造型中就有类似的装扮，这种装扮给原本中规中矩的服装增添了一些新潮感，似乎给整体搭配注入了活力。

　　如果选择无扣板型的西服，穿起来会更显宽松、舒适，并且能将精致的内搭衬衫完美地呈现出来。下装着统一色调的中高腰工装裤即可。为了显示出整体搭配的干练气质，内搭的衬衫一定要收到工装裤里。一般亚洲人是很难驾驭随性松垮的欧美穿衣风格的，如果搭配不当，反而会显得不修边幅，缺少精气神。

　　搭配的通勤包包不要太过夸张，色彩尽量与西服统一。至于包包的大小，则可根据日常上班需要携带的随身物品的数量、体积而定。

　　推荐网购搜索关键词：手拿包、杀手包、波士顿包。这些都是包包中比较经典的款型，沉稳而不失时尚。

　　鞋子的色调尽量选择黑色或白色。这两种颜色在工装搭配中极为合理，没有必要身着工装再配上一双大红色或大绿色的鞋子，否则会显得太过突兀。如果上班需要走动的时间较长，那么建议备上一双舒适的平底鞋，用于替换。

　　推荐网购搜索关键词：粗跟鞋、坡跟鞋、平底鞋等。

因为长时间穿高跟鞋往往会给身体带来很多负面的影响，所以在非必要的情况下，偶尔可以直接尝试穿一下坡跟鞋、粗跟鞋或平底鞋，只要搭配得当，依旧能显得身材高挑。

　　当然，如果你想使整体服饰的复古韵味更加浓烈一些，可以尝试将内搭衬衫的颜色换成明黄色。除了红、黑色经典搭配，黄、黑色也是不可错过的凸显摩登味道的搭配。

　　在平时，黄、黑色配色经常出现在指示牌、车库画线及球衣中，这样的配色主要是为了醒目，通常以黄色所占比例居多。在日常办公室的通勤搭配上，我们可以反其道而行之，将衬衣选择为黄色，其余的搭配依然以黑色为主，这样就不会显得太过抢眼，并且以黑色为主能够很好地彰显出职业装的特色，并烘托出一个人的稳重，而稍稍露出的黄色内搭衬衣则为点睛之笔。

　　在穿着上，敞开的衣门襟往往显得比较休闲，而扣上纽扣后则显得较为正式。大家可以根据具体场合来决定不同的穿法。

2.1.2 通勤裙装套装搭配

除了通勤的西服套装外，裙装套装也颇受女性的青睐。下面我们来介绍适合不同职业人群穿着的裙装搭配。

◈ 知性女性

正装裙装套装比较适合知识型的女性穿着，如职业教师及报社主编等行业的人员，它可以展现其庄重、典雅及内敛的气质。

知性女性通常的内搭以低圆领为主，不同于正装衬衫易带给人英气十足的感觉，低调沉稳才符合这类人群。裙装套装的整体色调以灰色和黑色居多，优先推荐纯色或细竖条纹的裙装套装。

下装的裙装优先选择包臀一步裙。一步裙，顾名思义只能一步一步地走，迈不了大步，这样也让人多了一分矜持。这种裙装具有简约而流畅的线条，能将臀部线条修饰得更加圆润，因而深受明星、政客及白领们的喜爱。

为了凸显端庄的气质，在日常发型上可以尝试中分低马尾，这款发型干净利落，很有东方女性的清丽韵味。搭配此类服装的包包以小型手拿包为主，小巧、精致，作为点缀即可。鞋子与西服同一个色系为好，鞋跟的高度可根据自己想要的舒适度来决定。

西服板型一定要选择修身收腰的，一粒扣、三粒扣或能露出内搭衣服的都适合。这样可以将身材曲线很好地展现出来，含蓄而不张扬。

如果内搭是带有花纹设计的，那么西服首选深色与细条纹类型的。穿上这种西服要比浅色或粗条纹的外套让人更加显瘦，因为它更符合人体直立流畅的线条和精致细腻的视觉感，可以很好地修饰出一个人的体形。在内搭背心的选择上，带有装饰元素的设计可以让整体造型更多一些朝气与趣味。

推荐网购搜索关键词：钉珠、碎花、刺绣、装饰物背心等。

前面提到的工装一步裙虽然穿上后能让人看起来比较精致、成熟，但是在很大程度上也限制了腿部的有效活动范围，如果从事需要多步行、经常上下楼或上下车的工作，可能就会很不方便。这时候我们在选择包裙的板型上可以有更多的变化。弹力大的、大腿外侧如同花苞形且稍有隆起样式的包裙相对于完全贴身的裙子来说要舒适得多；底部与侧面有开衩样式的裙子也是不错的选择。

上衣的选择建议以纯色为主，毕竟工装是为上班服务的，如果太过花哨就会显得与工作环境格格不入。但是，这并不意味着工装只能一成不变，在夏季着装时，可以挑选有蕾丝拼接工艺的打底T恤衫，既保持了一贯的基本款型的风格，又为自己增添了几分性感和女人味儿，那种若隐若现的美可是非常"吸睛"的哦！

如果你对自己的腿形感到不满意，或因穿着膝盖以上的包臀裙而感觉暴露了腿粗这样的一些腿部缺点时，不用着急，只要备上几双耐穿的压力连袜裤就可以了。

压力连袜裤不同于普通丝袜，它独特的制作工艺可以使腿部拥有横向压力支撑，因此使腿部保持脂肪均匀的状态，并且能够防止肌肉下垂。同时，袜子的压力自下而上减压，非常符合人体静脉血液回流压力的需要。在脚背和脚踝处压力最大，依次往上递减，可以有效缓解下肢静脉承受的压力，促进血液流通，因此还能适当减轻工作上带来的疲劳感。这种压力连袜裤尤其适合营业员、迎宾人员及礼仪小姐等需要长时间站立的人穿着，在美腿的同时，也减少了得静脉曲张疾病的可能性。

在包包的选择上，一般可以选择白色的，除此以外也可以选择与T恤或裙子颜色统一的包包。

裙子可以选择亮色系的，玫红色是首选，玫红色的裙子可以将皮肤衬托得很白皙，为自己增添几分好气色。穿着要点注重高腰法则，建议将上下身比例控制在4：6，再搭配尖头高跟鞋，打造出整体造型的延伸感，九头身美女很快就打造完成了。

✦ 精致办公室白领女性

如果你所在的公司对着装没有统一、硬性的规定，那么我们可以在美观和舒适度上自由掌控了。下面给喜欢仙女风的白领推荐两款复古赫本感觉的裙装搭配。

推荐搜索关键词：小香风、格纹、格子、黑白格、名媛、淑女、雪纺背心、蝙蝠袖上衣等。

黑白双色是永恒的经典，怎么搭配都不易出错。在炎炎夏日，这两种色彩的碰撞往往给人高雅、复古、清爽的视觉感，并且使人显得气质非凡。

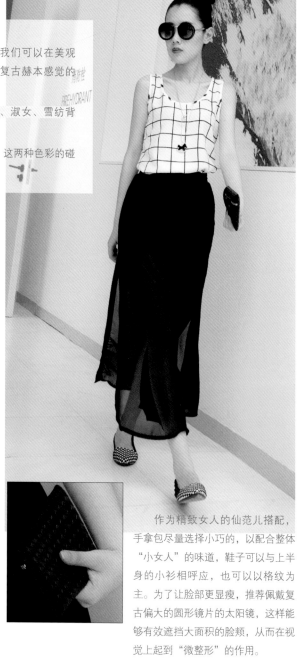

黑白色的套装搭配加上格纹元素，在纯色装的基础上多了几分新奇感。尤其是小格纹的服装，容易给人小清新、干净、清丽的印象。如果这时候再搭配一条改良的开衩雪纺或透视半身裙，那么这样既起到了遮挡丝袜的作用，让双腿看上去如"磨皮"后一般光滑，又为造型带来了一些性感奔放的元素。复古高腰搭配法则可以将身高比例调整得近乎完美，无需高跟鞋，即便普普通通的尖头平底鞋也能让人穿出高个子女神的视觉感。

与此同时，这款搭配有很多种发型可以与之协调。丸子头显得清爽，卷发、披发多显妩媚，发型可以根据自己的喜好和舒适程度进行打理。对于妆面来说，清透的底妆就已足够，但唇色最好选择鲜艳的正红。"不老女神"周慧敏曾说过："女人的包包里可以没有其他化妆品，她们可以素面朝天，可一支口红是必备品，它能带给你好的气色及靓丽的心情。"戴上太阳镜之后，就无需过多考虑眼妆的问题，整体以黑白色为主的基调，搭配正红色的唇色，有画龙点睛之妙。

作为精致女人的仙范儿搭配，手拿包尽量选择小巧的，以配合整体"小女人"的味道，鞋子可以与上半身的小衫相呼应，也可以以格纹为主。为了让脸部更显瘦，推荐佩戴复古偏大的圆形镜片的太阳镜，这样能够有效遮挡大面积的脸颊，从而在视觉上起到"微整形"的作用。

本组的搭配与上一组有异曲同工之妙，不过细节处略有不同。上一组的小衫为无袖背心，并不适合所有人穿着。背心的袖口通常比较宽大，即便身高、体重一样的女性，手臂粗细也可能并不相同，如果大臂处脂肪较多的人穿着，则无袖背心成了暴露缺点的"利器"。

针对大臂脂肪较多的人，如果实在想穿无袖的小衫，建议搭配一件外套。但如果是在炎热的盛夏，如此穿着则会让自己苦不堪言。

我们应该如何有效地掩藏手臂较粗的缺点呢？答案是除了可以选择一些轻薄的防晒衫之外，蝙蝠袖板型的上衣也是很好的选择。

蝙蝠袖上衣，顾名思义，其衣袖如蝙蝠的翅膀一般，袖子与衣服的侧面是连在一起的，属于较别致的不规则的服装款式。它能够有效地将手臂的赘肉掩藏起来，对于上半身较为臃肿的人来说可谓大救星。它能在遮住大臂赘肉的同时，为你带来几分时尚感。

由于本次搭配我们走的是"高端大气上档次"的路线，所以在选购包包的时候可以留意较大的款型。黑白双色自然、保守且不易出错，但在盛夏之际，亮眼的红色则为更好的选择，它能给整体套装带来火热的激情感，避免整体造型太过沉闷。在整体造型的基础上可以尝试选择一款复古的太阳镜，这样既能在强烈的紫外线下保护好自己的眼睛，又能和整体服装相呼应，让人看起来像是从黑白影片中走出来的绝色佳人。

在包臀裙的选择上，建议选择高腰长款的，上宽下紧，可以造成一种很好的视觉反差，"心机"瘦身就这么简单。

身材高挑的女性能够随意掌控包臀裙的长度；而对于身材娇小的女性来说，包臀裙的最佳长度应该是在大腿的中部位置，尽可能地露出更多的腿部，做到扬长避短；对于大腿较粗的女性来说，较短的包臀裙无疑会将腿部的缺点暴露无余，这时可以选择底部有不规则荷叶边的设计款式，让人们的视线都集中在别致的装饰元素上，以忽略较粗的大腿。

大格纹的印花元素有别于小格纹的精致，更显大气与高端；如果说上一组造型是小家碧玉，那么这组造型就毫无疑问可以说是大家闺秀了。

2.1.3 欧美风通勤套装搭配

从事时尚、设计类相关工作的女性，她们的着装往往和普通服务行业的着装有所区别，休闲、潮流、设计感强，则非常符合她们的工作单位的企业文化。

在这里，笔者首先推荐的是偏欧美风的通勤套装，这类套装潮酷但不失职业感。

欧美风通勤套装的通勤衬衫和工装裤看起来和韩系的区别不大，但板型上却大有不同。韩版的通勤装以修身小女人范儿为主，而欧美风的则是以宽松见长。欧美风的通勤套装对于亚洲人来说，只要尺寸合适，穿起来非常舒适，尤其是在夏天，衣服空间大，衣服与身体之间形成的空气对流也足，方便排汗，透气而亲肤。

在下装颜色的挑选上，可以尝试小清新的马卡龙色系，这有别于韩版的鲜艳亮丽。马卡龙色系的欧美通勤装整体颜色看起来会更加柔和，仿佛一缕清风拂过，给人清凉薄透的视觉感。每个人根据自己的身材比例，可以选择是否将上衣衬衫塞进裤子里面。对于高挑的女性而言，可以将衬衫部分塞进裤装中，随性即可，给人一种潇洒、休闲的潮流感；对于矮个子的人，建议遵循上短下长的搭配法则，穿着上还是以调整身材比例为主，做到扬长避短。

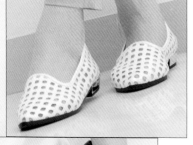

欧美风有自由、纯粹和随性等特点，因而在发型的选择上稍显自由、张扬个性、不随波逐流即可。

在鞋子的挑选上可以来点不同的尝试，此时我们应将精致优雅的基本款高跟鞋放到一边，而选择独特的镂空设计款式的鞋子。这种鞋舒适而透气，特别适合夏天穿，同时金属低跟元素可以为造型增添几分朋克的味道，中性而随意。这时，拉风的蛤蟆反光太阳镜也可为立志成为潮人的你助一臂之力。

此外，通勤手拿包也必不可少，建议选择带有鳄鱼纹路、蛇皮纹元素的手拿包。这类包包特别有颗粒质感，粗犷的风格与你强大的气场相得益彰。

2.1.4 轻熟女套装搭配

"轻熟女"是指年龄在25~30岁的女性，涵盖了刚毕业的大学生及初入职场的人。

下面我们来说说这个年龄段可以运用的搭配诀窍吧。

如果你所在的公司对着装没有硬性规定，那么在穿衣搭配上可以比较自由。刚毕业的大学生，往往还带着"象牙塔"里的稚气，这时如果突然把自己打扮得非常老成，则很可能会显得突兀。因此，我们在装扮中既要保留自己特有的青春气息，又要保证不失职场的专业感。

◈ 应届毕业生

英气的尖领立领衬衫往往是工装的必备单品。在搭配中如何将这种比较锋芒的气质弱化一下呢？答案是选择带有印花的衬衫，如波点元素。来自日本的艺术家草间弥生可谓将她的一生都融进了波点的世界。波点的形状仿佛一个个充满活力的细胞无限分裂和新生，但又凭借其圆润的形态，为我们的造型保留了几分可爱、复古的视觉感。

选择深色底的波点衬衫，比较容易彰显个人沉稳低调的气质，而浅色底的衬衫搭配则容易凸显学生的稚气，因而并不太适合上班时穿着。在进入盛夏之际，可以告别工装裤，选择一条中规中矩的牛仔热裤，推荐复古高腰多排扣板型的热裤。这样就不会因为其太过潮酷而与工作环境格格不入，同时还保持了几分性感的味道，将你修长的双腿尽情地展现。

在手包的选择上，我们可以购买学院派的斜挎包或者冰激凌色的小型手拿包，以提升整个人的书卷气质；在鞋子的选择上，高跟鞋、低跟鞋或凉鞋都可以尝试，根据自己的习惯和舒适度选择即可。

步入职场一两年之后，我们自认为对业务的熟悉程度已经很不错了，谈吐等各方面也相对成熟了许多。可是在这个"看脸"的社会，我们略显稚嫩的脸庞往往会给一些资深或者上了年纪的客户一种不敢轻易信任的假象，从而导致很多项目可能无法顺利地谈下来。那么如何在装扮上既保持轻熟女的青春气息，又具有成熟女性的味道呢？

平日可购买几副没有镜片的黑框眼镜，方便在造型时作为装饰。复古大框的眼镜特别能增加年龄感，给人一种经过岁月沉淀的印象。在手包的选择上，非常推荐邮差信封包。这类包包以不规则的纹路见长，通常出现在一些晚宴或时装周秀场的搭配中。邮差信封包以其流畅简约的线条和别致的材质成为了礼服的好搭档，有了它，可以为整体造型所呈现出的优雅气质再次加分。

发型往往能改变整体气质。马尾一般显得比较年轻且有朝气，而长直发能显得更加干练、沉稳，大波浪长卷发则多了几分妩媚之感。如果只是偶尔见客户、谈项目，不妨给自己买上一支大功率的卷发棒，跟着网络上的美发达人学习打造简易的卷发，便可让自己焕然一新。这样既不会因经常染、烫头发而伤害发质，还能在需要改变形象的时候立刻上手，完成自我变装。

在学会了这些"心机"搭配之后，别忘了我们是轻熟女哦，因此青春朝气的元素也必不可少。衣服上可以选择韩版休闲的，拼接撞色的制作工艺可以让你显得活力满满。色彩可以选择淡雅的马卡龙色系，给人以清丽的视觉感，下装搭配一条舒适的基本款工装牛仔裤就可以了。

2.1.5 层叠风套装搭配

初秋层叠装搭配

进入秋季，我们的衣服总会越穿越多，很多白领都担心自己的身形会变得臃肿，于是宁可"冻人"，也要美丽。而在笔者看来，风度和温度实际上可以兼顾。

层叠风搭配，顾名思义，就是一层又一层的叠加穿着的样式。但并非如裹粽子那样把衣服胡乱裹上身就万事大吉了。我们要学会利用层叠元素，将长短搭配的比例控制好，才能和臃肿说Bye bye!

进入秋天，天气渐凉，这时候千万不要急于把夏天的衣服全部都收起来。尤其是可以用来打底的雪纺衬衫和背心等，要将其利用起来，如此可以随时制造出一些混搭的感觉。

在下装方面，不建议穿夏天的裤子，因为其材质比较轻薄，不利于保暖，也不符合秋季的着装需求。这里特别推荐皮革、毛呢等中短裤或半身裙，或带有加绒加厚工艺的热裤等。对于矮个子的女性来说，首选短裤类下装，并结合之前讲过的"心机"身材比例分配法则，穿出复古高腰的视觉感。此时即便不穿高跟鞋，换成低跟鞋、裸靴、平跟鞋、罗马鞋等，也一样显高。对高个子的女性而言，可以尝试紧身的小脚铅笔裤，它能很好地修饰腿部的线条，使双腿美丽而修长。

接下来便是外套的选择了。为了制造出层叠风的视觉感，外套一定要比内搭衬衫长出20cm~30cm，甚至可以更长一些。这样内短外长的穿着能给人视觉上的冲击，使内搭显得干练而休闲，外套保暖而有风度，整体身形在视觉上也变得修长。另外，怕冷的人可以备上几双加厚的打底袜或者压力袜，这样还会使腿部显得更加纤细。

秋季是开衫正红的季节，各种针织类的外套既保暖又美观。这里推荐韩版宽松的开衫，在色彩上尽量选择亮色系，特别推荐肤色偏暗黄的人穿宝蓝色的服装，这样不仅能使皮肤显得白皙，还能提升精气神。

肤色偏黄的人不要选择紫色系的服装，因为黄色和紫色属于对比色，很容易让原本暗黄的皮肤显得更加黯淡。

在面料的选择上，建议选择马海毛类型的开衫。马海毛属于羊毛的一种，是安哥拉山羊身上的毛。马海毛天然亮泽，保暖性能较好，回弹性不错，不容易褶皱，清洁起来也比较方便，并且染色性好，所以在春、秋季网购针织开衫中总有以马海毛为面料的宝贝占据热搜榜的一席之地。

◈ 初冬层叠装搭配

进入初冬时节，我们将内搭换成稍厚的工装衬衫和包臀裙。此时不像秋天那样昼夜温差大，使得人们穿衣难。大多数办公室白领在上班时几乎是在空调间内工作，尤其是在实行供暖的北方。因此，内搭的穿着反倒变得容易起来，原本春夏季的通勤装都可以用上。

初冬层叠装搭配的重点在于外套。对于北方的女性来说，保暖性绝对是首先要考虑的，毕竟室内外温差几乎都在10℃~20℃，因而厚羊毛大衣或者薄款羽绒服为佳选。如果内搭是通勤裙装的话，则外套要选择长款的，这样才能尽显层叠穿法的美感。

对于南方的女性来说，初冬备上一件薄羊毛外套就足够了。在颜色的选择上，如果一直在公司低调行事的话，那么不推荐选择大红大绿的毛呢外套，建议选择一些灰白相间或者黑白色系的毛呢外套进行搭配。色彩比较醒目的服装比较适合企业高管等需要展现地位和权力的人穿着。

浅灰色是近年来时尚界秋冬季的宠儿，不要以为肃杀的冬天穿灰色的外套会给人带来冷冰冰的印象。穿浅灰色系的服装可以很好地中和深灰与黑色的冷意及白色的单调，巧妙地调和视觉感，同时也充分诠释了它经典不衰的基本色地位。

如果想尝试板型不一样的外套，可以购买撞色拼接类型的，它有着非常独特的设计感。选择插肩板型可以很好地修饰手臂和肩膀的线条，让身形显得更加圆润、流畅。

在靴子质地的选择上，可以根据自己上身的外套面料和制作工艺来选购。如果上衣是亚光质感的，那么靴子应选购绒面的而舍弃漆皮亮光的，这样上下能够相互呼应、统一，避免突兀。

下装可选购假透肉的打底裤，性感、保暖两不误。鞋子推荐过膝长筒靴，这样可以尽可能地在视觉上拉长双腿，而且更加保暖，特别适合开车一族穿着。

在帽子的搭配上，建议选择大檐类垂感良好的羊毛礼帽，这样会显得特别有年代感，仿佛奥黛丽·赫本一般，优雅而高贵，对头部也起到保暖的作用。

如此名媛范儿的一套搭配，其配饰自然也要契合主题。此时晚宴手拿包必不可少，搭配复古、爵士感的太阳镜更可为造型加分。

如果你因为服装搭配要花太多的精力而不喜欢穿烦琐的套装，那么在衣橱里就要备上几条舒适而美观的通勤连衣裙了。连衣裙因款型多变而被称为"款式中的皇后"。我们可以根据自己的身材、肤色及出席的场合来决定连衣裙的颜色与款型。

2.2.1 收腰T形连衣裙

为了穿出"白骨精"（白领、骨干、精英）的精气神，在连衣裙的选择上以收腰T形为首选。宽松腰形的连衣裙适合居家穿着，能体现出慵懒自在的感觉，但如果是在上班场合穿着，就不太适宜了。

在颜色的选择上，如果你觉得黑色太过中规中矩，可以选择由红蓝色调和而成的高贵紫色。穿上这种颜色的衣服既富有强烈的视觉感，又不失浪漫，而且因其融合了冷暖两大色系，所以让你仿佛拥有了双重性格一样，令人捉摸不透。

前面我们讲过，宝蓝色的衣服较适合肤色偏黄的人穿着。而紫色又分为很多种不同的颜色，其中蓝色占比大的就偏冷，肤色暗黄的人值得一试。如果紫色偏暗、偏重，那么肤色暗黄的人则不宜尝试。

收腰T形连衣裙是在常见的H形直筒连衣裙的板型上稍加改动的。它更多的是在肩部做了文章，带着高耸的垫肩设计或连袖"藏肉"设计，加上微收腰与百褶的元素，让你穿上它即刻变得与众不同。这种类型的裙子与花苞裙的特点相反，适宜上半身比较壮硕的人穿着。

在配饰上推荐饺子形的手提包，在材质的选择上以牛皮为主。饺子包风靡的原因是其独特的板型，以及空间大、色彩千变万化的特点。这股风潮最初来自法国，原以锦纶面料为主，但锦纶面料有时使包包显得过于休闲，多适合逛街、采购及运动等场合携带、使用。由于在这里与通勤工装搭配，因此要讲究一些质感与职业化的需求，所以较为推荐皮革制品。

网购锦纶面料的饺子包，均价50元，相比传统品牌动辄上千元的专柜价格来说比较亲民。人造皮革与真皮制作的饺子包，网购价格也相差较大，大家在购买时请注意面料成分的标注与说明。

2.2.2 收腰A字连衣裙

◈ 通勤西服裙

对于搭配新手来说，通勤工装套装穿搭起来往往稍显烦琐，因而不妨购入一件带有西服领设计的A字连衣裙，这样既有工装的干练特点，又不失翻翻裙摆突出的女人味儿。

网购这类板型的连衣裙时，我们需要对尺码加以关注，因为它对裁剪的工艺要求颇高，非常修身，能够给人增添独特的精气神，仿佛是量身定做的。

这类服装的平铺尺码与穿上身后相差不大，弹力一般，所以我们在购买之前可以拿出自己平时穿的收腰小西服，用软尺测量一下肩宽、胸围与腰围，对比一下即可。它对臀围的要求相对较小，因为下半部是外扩的A字形，而且垂感与褶皱并存的用料与工艺还能遮掩臀部和腿部的缺点。

由于此类连衣裙整体的气场本身就很强大，所以在配饰的选择上不宜太过累赘，应以精致小巧的手拿包、尖头皮鞋与名媛风的太阳镜为主，起到锦上添花的作用即可。

如果碰上换季时降温，建议添置一件短上衣，长度至高腰处为佳，这样既可以起到保暖作用，又不会破坏整体身材的完美比例，同时只要稍显粉嫩的色彩就可以给平淡的灰色基调注入活力。

✧ 亮色连衣裙

　　电光蓝色是颇受时尚界名媛们青睐的颜色，其色泽如电光一般。如果说正蓝色像一弯波平如镜的湖泊，那么电光蓝便犹如微风拂过后产生的涟漪，这时如果晴空万里，湖水折射出太阳的光芒，别提多耀眼了。

　　因为电光蓝色容易给人非常润泽的视觉感，所以对服装的面料是有一定要求的。如天然棉纤维，因其有着易染色的良好性能，制成的衣服能达到非常艳丽的效果；羊绒成分自带的天然亮泽度使得服装呈现出颇为高档的质感。

　　配饰可选择同色系、白色或对比色明黄色等，以凸显活力气息与摩登感。

　　如果你想给同事或者下属一种亲和力，那么太过职业化的黑灰色系搭配则不太理想，而苹果绿色则是可以尝试的新花样。

　　苹果绿色，顾名思义，它与苹果的颜色非常相近，代表着生机与环保，视觉上不会像其他亮色一样，因给人太过强烈的冲击感，会导致穿衣之人看起来有点高不可攀的样子。苹果绿色易给人柔美与勃发的朝气，并且可以让白领们因长时间工作而产生的压抑情绪得到舒缓。

　　我们可以参考大自然中的树木配色来选择配饰，树干的棕色与绿叶组合相得益彰。所以在网购的时候不妨添置一些以咖啡色或栗色为主的外套，并且尽量保证太阳镜和妆面等搭配能起到相辅相成的作用。

当同事聚餐选择在公司楼顶并开启露天派对模式的时候，那么在你的衣橱里用于度假穿的花色连衣裙便能派上大用场了。这时我们只需将它作为内搭，并外穿一件黑色长款大衣即可。当脱掉外套露出色彩绚丽的连衣裙时，立刻惊艳全场！

为了凸显你在服装挑选上别出心裁，太过大众化的网销爆款碎花裙此时并不适合，而带有写意印花设计的款型则可以优先考虑。这类衣服仿佛以连衣裙为画布，而设计师便是国画家，以泼墨技法绘制出一幅抽象但充满热情的花开的画面，这样特别能突出一个人的艺术品位。

网购推荐搜索关键词：写意、设计款、水墨印花、抽象印花等。此类服装多见于中高端自主设计品牌的网店。

◇ 波点雪纺裙

带有波点花纹的A字连衣裙，相比纯色西服款型的连衣裙来说，会显得更有活力，多了几分青春的朝气，少了几分一板一眼的职业感，推荐应届毕业生穿着。

相比厚重的棉类连衣裙来说，雪纺质地类型的连衣裙更能营造清透薄凉的视觉感。带有装饰性花边的裙子很容易凸显温婉的气质，颜色的选择上偏成熟一些，藏青色、黑色均可，这两种颜色在显瘦的同时也兼具了稳重的气息。

为了配合俏皮和年轻的朝气，亮面的波士顿手提小包不可错过，低调中又不乏光线折射出的闪光点。

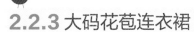

2.2.3 大码花苞连衣裙

　　大码花苞直筒连衣裙是在传统的直筒连衣裙的基础上改良而来的，它往往呈现出H形。看似是直筒的样式，但对人身形的要求却颇高，需要有姣好的胸形、粗细适宜的腰部及恰到好处的臀围，这样的人才适合穿着。

　　选择花苞裙的颜色时，除了臀部局部偏肥胖的女性之外，可以根据场合、肤色与自身喜好来选择。对于全身都显得微胖的女性来说，不太推荐选择明亮的色系，如玫红色、亮橙色等，因为这些颜色的花苞裙会让人化身为"行走中的菜椒"，呈现了膨胀和扩大的视觉效果。所以这里推荐选择不会出错的黑色系，它如黑洞般神秘，容易给人往内部收拢的视觉感受。

　　这种款型的连衣裙是不是身材偏瘦的女性就没法穿了呢？其实不然。

　　对于身材苗条的人来说，此种板型的服装的腰围可能稍大，这时在腰部加上一条颜色和质地都合适的腰带便能轻松地解决了此问题，并且在力显优雅的同时，还能凸显小蛮腰，使人在视觉上更为显瘦。搭配腰带时，注意将腰带尽量系在高腰处，这样可以尽可能地拉长下半身的长度。

这类款型的连衣裙与中长款的通勤西服能碰撞出不一样的火花。如果你想拒绝"撞衫"，并且打破通勤工装让人呈现出的刻板印象，不如试试朋克风格的装扮。

在这里，我们利用红、黑两种色调进行组合搭配。内搭连衣裙主要凸显黑色的深邃，红色西服则给人热情奔放的强烈视觉冲击，微收腰的外套板型易刻画出曼妙的身材曲线，融合了偏向中性的味道。因需要突出的主体在上半身，所以下半身切勿穿厚重的工装裤、牛仔裤或打底裤等。丝袜与靴子是搭配中应该考虑在内的单品，这样便于展现优美的腿部线条，从而实现主次分明的搭配效果。

在配饰上，如果你想要尽可能地提升自己的"海拔"，一顶带有隆起效果的爵士帽将会助你一臂之力；包包可选择学院派的，斜挎包和手提包均可；太阳镜的颜色尽量与连衣裙或外套的颜色相呼应，整体搭配便大功告成啦！

2.2.4 直筒花苞裙

现代女性在办公室工作的居多，长时间坐着极其容易导致腰部、臀部的脂肪堆积，这会造成局部肥胖，所以连衣裙应尽量选择能够扬长避短的款型。

此种连衣裙的特点是腰围最小基本保持在70cm左右，给腰粗且矮个子的女性留有余地，并且臀部设计成像花骨朵一样蓬开。这样可以有效地遮住臀部与大腿过多的脂肪，巧妙地将身材的缺点掩盖起来。

网购搜索关键词：欧美、大码、花苞连衣裙等。

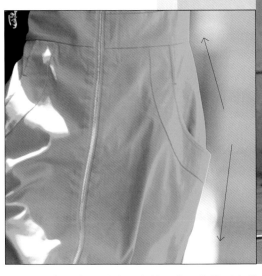

花苞裙一般呈上宽下窄的形状，非常适合梨形身材的人穿着，但又不会因过于紧身而导致上下比例过于悬殊，给人造成身材畸形的错觉。这样的设计也使人方便行走，不会像包臀裙那样使人略感束缚而缺乏自由。蓝色非常适合亚洲人穿着，可以提亮肤色，同事们在工作倦怠之余看到这一抹亮色，想必心情也会变得愉悦起来，也会因此容易对你产生好感。

2.2.5 高街时装周的搭配

经常听到"高街范儿"一词，那么"高街"二字是什么意思呢？这里就给大家解释一下。

高街，原指英国商业街的商店仿造T台上的设计款展示服装，让人们在购买时容易产生一种"同款"感觉。随着时代的发展，T台服装与大众消费群体之间的距离也不再那么遥远。

如今，许多知名品牌从聘请设计师设计款型到制板出样，再到模特身穿展示，最后到消费者购买，时间上已大大缩短。人人都能快速地穿上超模同款同品牌的服装，再加上合理的搭配，你也能像时装周外那些时尚博主一般走在潮流的前沿。

◈ X形夏季连衣裙

谁说上班族就不能穿出气场，对于白领们而言，工作的地方就是我们的"秀场"。不过，由于工装的局限，大家可以抛开T台上比较夸张和概念化的服装，而选择那些简约、大气的基本款。

看过经典小黑裙的介绍，想必大家已对H形与X形款型的服装有所了解。此时的搭配我们挑选的是一件直筒（即H形）并带有X形特点的上衣。

对于经常身穿大码服装的人来说，宽松肥大的H形连衣裙能够很好地遮盖粗壮的腰部和略带赘肉的臀部；而对于身材苗条的人来说，只需要备上一根精致的腰带就可以将腰部完全收紧，使连衣裙瞬间变成X形，呈现两头宽中间窄的效果，展现出一种极具视觉张力的画面感，让你瘦到爆棚！

包包可以选购大容量的子母包。无论是外背的大包还是内置的零钱手机包，都能与简约而大气的连衣裙碰撞出不一样的火花，时而烘托出你强大的气场，时而又体现你的细腻与精致。

对于轻熟女装而言，可以尝试流行的粉色系。虽然已步入社会，但永葆那颗火热的少女之心也未尝不可。粉色系的服装多了几分甜美与俏皮，少了几分老气横秋的职业感，这样鲜亮的着装想必会迷倒不少男同事哦！

白色服装容易让人显得高贵而圣洁。不过我们前面已经提到过，白色也会产生一种膨胀的视觉效果，所以不建议肥胖的人穿着。X形服装对于人的肩宽也有要求，肩部比较窄的人不能很好地将此种板型的服装支撑起来，反而显得肩部垮塌松散，缺乏"衣架子"的视觉感，因此也很容易使人显得毫无生气。

如果你不想满衣橱都是白色或者黑色的服装，不如试试醉人的酒红色吧。它给人以庄重、内敛的感觉，特别符合有一定岁月积淀的熟女们，在衬托皮肤白皙的同时，还适当地给脸部添加上了一些红润的效果。

若连衣裙是棉麻质地的面料，则使人更显贤淑、自然，很容易就给人一种平易近人的感觉。

当T台上的设计感服装很快地进入市场销售模式后，消费者便能迅速购买到超模走秀时的同款服装。只要搭配得当，同样能穿出模特范儿。除了获取秀场的搭配概念外，还可以多多关注时尚的明星艺人们，尤其是好莱坞的演员、歌手们的街拍，各式各样的搭配总有一款适合你。

对于近年来的秋冬着装潮流来说，流行的无疑是将外套当披肩的用法。

还记得20世纪八九十年代颇受妈妈们青睐的高耸垫肩大衣吗？超模们的肩膀较普通人更宽（俗称"衣架子"），更能将衣服撑起来，让整体造型挺括而有形。因此当我们在穿大衣的时候，不妨也尝试一下披肩的穿法。用你的双肩将衣服完全地支撑起来，让大衣自然下垂并外扩，营造斗篷一般的板型。

内搭选择直筒或者高腰的裙装，其长度短于外套或者与外套齐平为佳，穿丝袜或者紧身打底裤，把人们的视线都集中到上半身。上宽上长，下窄下紧，视觉对比非常明显，这样也更能体现出修长纤细的美腿。

黑白红三色是比较经典且不太会出错的颜色，对搭配的初学者来说较容易上手，内浅外深或内深外浅均可，也可以采用同色系但不同的深浅效果来营造层次感。

2.3 名媛风服装搭配

名流女性大多出身名门，德才兼备，她们的穿着打扮往往得体而高雅，气质非凡。而随着时间的推移，名媛风也不再是名流们的专利，它已悄悄地深入了百姓的日常生活当中，尤其是在琳琅满目的服饰、鞋帽的搭配上，又有了新的生机。

2.3.1 雪纺连衣裙

穿出名媛大气风，连衣裙便可以助你一臂之力。当提到"香奈儿"三个字时，你联想到的词语会是什么呢？没错，那就是"气质"，并且是高贵优雅的气质。

雪纺连衣裙不同于A字裙的俏皮，简约的直筒长款板型更能显出你的成熟和女人味儿。

此次搭配中，上半身我们选择的是背心短袖上衣，下半身选择的是百褶半身裙，垂感良好，整体较显清爽且仙气十足。

颜色建议选择深蓝色，容易给人稳重的感觉，搭配一顶复古的礼帽，与你优雅的气质及举止相呼应。

对于包包的选择，推荐精致小巧的或是较大的手拿包，前者易显出小家碧玉的气质，后者则是满满的大气御姐范儿。大家根据自己的风格喜好来选择就可以了。

2.3.2 通勤套装

如今，类似高贵的香奈儿元素已经完全融入了名媛系的服饰中。经过各种改良，这类服装适合各个年龄段的女性穿着，而不像正装的香奈儿套装那般，需要一定的身材与气场才能穿出整体服装的感觉和气质。

无论如何改良，香奈儿元素不变的精髓在于简约、干练，极易凸显出作为职场白领成熟的女性魅力，不需要花哨的装饰，便能打造出强大的气场。

在之前介绍的通勤裙装套装当中，我们已经为大家展示过格纹元素的小香风搭配。那时的格纹看起来更偏向于欧美女性所青睐的样式，因此显得更硬朗一些。针对喜欢柔美一点的亚洲女性，上衣或者背心可以选购带有荷叶边或木耳边设计的款式，在视觉上似水波般柔情。

在面料的选择上，如果是在夏天，仍旧推荐雪纺面料，并且建议尽量选购一些优质雪纺。这样不仅可以提高衣品档次，同时在亲肤性上也较人造雪纺面料更为舒适。

如果进入了秋季，可以将雪纺面料的半身裙换成纯棉或呢子面料的，以起到保暖的作用。半身裙的长度以过膝为宜，这样能够很好地保护膝盖不受凉。

为了在行动上更为方便，大家在选购面料的时候稍微注意一下延展性和弹性，并且以后部或侧面人性化的开衩设计为首选，让你在尽显优雅的同时也能行动自如。

想要体现出修长的身材比例，高腰穿法是必学的。建议上衣颜色浅，下衣的颜色深，这样可以使人们的视线集中在下半部分，这种搭配在视觉上可以增长双腿。如果这时候能再来一双经典的工装高跟鞋，那么你就可以秒变白领女神啦。

对于包包的选择，因为整体搭配偏柔美，所以尽量选择精致小巧的手拿包，或单肩包、斜挎包。

近年来每到春秋之际，斗篷形的外套都颇受大家喜爱，因为其宽松的板型不挑身材，在简约的设计上反而能体现出一个人雍容的气质。

斗篷服装的袖型可以分为两大类：一类是没有袖管的，完全的披肩样式，特别适合出席晚宴、酒会等场合；另一类则是在肩膀下方开有两个袖口，这样方便上班的女性进行工作。

当然，纯色斗篷不会出错，但如果想要来点不一样的感觉，不妨尝试一下波点、花纹等图案。带有图案的斗篷既俏皮又复古，不会显得装嫩或做作。

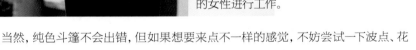

对于上班穿着的斗篷款服装搭配，下面再给大家推荐一款。内搭选择黑色直筒连衣裙，黑色是永恒的主题。为了防寒，备上一件针织羊绒外套。由于羊绒保暖性较高，比普通大衣要轻，不会给上半身造成过于厚重的视觉感。而颇具设计感的花卉图案极易吸引旁人的眼球，拥有强大的"吸睛"效果，能很好地弥补内搭略显单调的小缺憾。

在鞋子的搭配上，可以选内部加绒的黑色尖头踝靴，狭长的尖头设计延展至足尖，使身形显得更为修长，黑色与整体配色相呼应，同时又略显低调，不至于抢了上半身的风头。

2.4 年会婚宴服装搭配

步入职场，少不了参加各种宴会，加之身边的朋友也都陆续结婚，衣橱里总要备上几件精致的小礼服来应对这些场合。不过，礼服的款式可谓千变万化，挑来挑去挑花了眼。到底什么样式的才适合自己呢？不如来看看接下来的解析，根据你的身材及出席的场合、身份等因素来锁定目标礼服就不会这么困难了。

2.4.1 多款式礼服

 连衣裙与短外套

深V领连衣裙

如果平时的你穿着较为保守，不妨在宴会上突破一下自我，选择一款深V领的中国红礼服。它不但应景，还能带给人热情、奔放及喜庆的感觉，并凸显出你强大的气场。

对于胸围较小的女性，面对这样的装扮也无需望而却步，在挑选款式的时候多花点工夫就可以了。适当减少太过暴露的面积，并选购一些带有装饰或是带有立体裁剪效果的连衣裙，这样可有效将人们的视线集中到别致的装饰元素上，从而弱化人们对胸部的过多关注。

由于在婚宴上通常会开空调，所以防寒保暖也是要考虑的因素，这时我们可以准备一件比较有形的小外套或长款大衣。长款大衣的长度与裙装齐平为宜，短款大衣则尽量选择到高腰部位的，这样身体呈上短下长，容易显高。

此时，晚宴手拿小包是必备的，既可以作为点缀，又能增添气质。高跟鞋应选择与外套或连衣裙相同的色系，而红黑色或黑白色搭配总是不会出错的。

圆领连衣裙

如果你比较保守，可挑选不太会出错的圆领连衣裙。这种连衣裙较为宽松，直筒形式富有职业感，画龙点睛之处在于颇具金属光泽的腰部装饰，让人感觉你是个非常注重细节的女性。

露背连衣裙

如果你的身材整体条件都比较好，皮肤也较为白皙，不妨尝试一下露背连衣礼服。穿着上它既持有一份保守态度，又可以尽情展现你曼妙的身材。而这里我们选择的这款露背连衣礼服较适合背部细腻光滑，并且有"蝴蝶骨"的人，即便是你的上围不丰满也没关系，穿上它刚好可以做到扬长避短。

◈ 流行色彩礼服的搭配

除了红色的内搭连衣裙，电光蓝色、粉水晶色、宁静蓝色或神秘紫色也是不错的选择。这里我们讲讲不同身材与场合怎样选择不同颜色和款式的连衣裙。

电光蓝色抹胸连衣裙

抹胸连衣裙适合胸部"有料"的人穿着，反之则容易显得胸部"一马平川"了。而肩部、手臂处偏肥胖的人慎选此种款式，否则很容易将你的缺点暴露无余。反之，拥有迷人的锁骨和纤细上臂的女性穿上它则能将这些亮点完美地展现出来。

宴会通勤连衣裙基本以直筒款和包臀款为主。腰腹部、臀部脂肪过多的人不太建议穿抹胸款型的连衣裙，这样很容易将你的形象塑造成"五大三粗"的样子。

在包包的选择上推荐手拿包或手提包。颜色可以选择淡淡的宁静蓝色，统一中略带些细微的变化，能保证既不会抢了主体连衣裙的风头，又能让整体造型形成一个很好的渐变效果。

电光蓝色V领连衣裙

与以上介绍的连衣裙款式相比较，这款连衣裙带一点袖管改良的直筒板型，并且带有微A字样式的连衣裙更适合身材一般的人群穿着。A字裙的特点之前我们已有所了解，但这里由于我们出席的是年会或者宴会场合，较通勤裙装来说需要多一点花样。显然西服款的裙装就不适合了，这里我们可以选择V领式的设计，并且是不用太夸张的深V板型即可，将"事业线"隐约地展现出来，既显大方、性感，又带有几分含蓄之美。

粉水晶色与宁静蓝色礼服

2015年年底，在专门开发与研究色彩的权威机构Pantone（潘通，这个是中方译名，彩通是网络习惯用法）发布的流行色上，粉水晶色与宁静蓝色成为了组合色调，并逐渐从高端秀场开始渗透到人们的生活当中。由于这两种颜色都有着较低的饱和度，所以给人一种非常粉嫩的质感，并且集清新、甜蜜、浪漫与安静于一体。

如果你是参加年会，要表演歌唱之类的节目，不如试试粉水晶色彩的礼服。它带有的大摆拖尾能很好地衬托出你贤淑与稳重的气质，并与舞台上四处投射的灯光相得益彰。同时，这暖暖的色调既不如烈日当空般耀眼，又不会像深冬夜雨似的那么阴冷，它更像太阳初升或落山时的柔和霞光，充溢着平易近人的温柔感。

如果在婚宴上你被挚友邀请担任伴娘，那么宁静蓝色的伴娘礼服绝对不会出错。它低调的色泽既能很好地烘托出新娘婚纱的神圣与高洁，又能很好地衬托出你温婉恬静的气质，并且新娘若是在婚宴中途需要换成红色旗袍，这种颜色也是完美的陪衬，可有效避免喧宾夺主。

神秘紫色系带连衣裙

前面我们提到过，较暗的深紫色不太适合肤色暗黄的人穿着，容易使本来皮肤暗沉的人显得更没有生气。但是，任何事不是绝对的，如果穿着的场合得当，也有例外的情况。

如果你是公司高管，年龄已接近熟女阶段，那么这种神秘的紫色穿着可以很好地彰显出你的威严。如果是带有挂脖式的设计，还能让你拥有女神般的优雅气质，不会因为露背而显得轻浮，即便少了年轻人的那份张扬，但能更多地彰显出岁月洗礼给你带来的那分睿智与聪慧，就如同一杯陈酿佳肴一般，非常耐人寻味。

经典小黑裙

有时候，我们可能会临时赴一个宴会，但由于时间太过仓促，又不知道应该穿什么，那么这时候不妨来一身精致小巧的黑色连衣裙吧。

经典小黑裙是女人衣橱里不可或缺的单品，它完美地诠释了简约而不简单，凸显桀骜不驯的气质的同时，又彰显出你高贵的品位。无需过多的装饰，一双高跟鞋与一只手拿包足够。

不过，如果想要在众人面前脱颖而出，在小黑裙款型的挑选上颇有讲究。

如果你想打造"轻熟女"的形象，不妨尝试一下带有珠宝光泽工艺设计的连衣裙。它有一种浓浓的赫本风格，让你摇身变成电影《罗马假日》里的女主角，特别而耀眼，同时又省去了不知如何搭配吊坠的烦恼。层叠的蛋糕裙下摆的设计，让你具有贤淑的气质的同时，又带有几分青春与朝气。

对于肩部和臂部赘肉稍多，腰部稍细的女性而言，可以选择由较挺括的全涤面料制成的长袖连衣裙。它能很好地将你的赘肉藏起来，并且将腰线很好地显现出来，做到真正的扬长避短。

对于灯笼袖连衣裙来说，别以为它只能给小臂粗壮的人穿着，其实对于上身比较单薄的女性来说，也同样适用。带有浓浓宫廷风的灯笼袖直筒连衣裙，其袖管的膨胀感能弥补因瘦削而展现给人不太健康的视觉感，让你如同从欧洲古堡中走出来的贵族小姐，华贵而雍容。裙子的面料推荐带有绸缎质感的，这样可以反射出如丝般的润泽感，让你的造型更显精致。

对于拥有"水蛇腰"的女性来说，可以选择几乎可以完全对折和重合的X板型的连衣裙，如果胸部稍稍有料，则可以与足以将袖管撑成一字形的宽肩膀进行配合，将这种连衣裙的性感效果演绎得淋漓尽致。

✦ 仿皮草与收腰连衣裙

如果你拥有几乎无可挑剔的曼妙身材，不妨选择一款收腰贴身式的连衣裙。穿上它就如同穿上改良后的旗袍一般，但又比旗袍更加舒适、时尚，整体身形前凸后翘，真可谓美煞旁人。

在常规款的基础上，我们可以挑出一些有独特设计感的连衣裙，如带有腰带、领口或肩部装饰细节的类型。虽然整体都是简约的板型，但也不至于显得太过单调。面料上可以选择亮面多种成分混纺类型，这样在宴会厅灯光的照射下，很容易让你受到瞩目又惹人爱哦！

在饰品搭配中，不拿手包也没有关系，可以换成手链等装饰物。切记避免购买那些太过普通和俗气的手链款式。因为搭配高大上的晚宴裙的手链要精致，并且可以锦上添花，而又不至于喧宾夺主，可以尝试一下带有吊坠装饰的手链。链子尽量选择细一些的，这样不至于显得粗糙而俗气。

开年会时一般天气较冷，准备一件皮草外套是防寒保暖的法宝。我们要秉承"没有买卖就没有杀害"的原则，选购的时候尽量购买人造毛的产品，不仅环保，价格也较真皮毛要低廉许多。

这里比较推荐门襟处带暗扣的短款皮草款式，这种款式线条简洁流畅，在需要保暖的时候还能闭合门襟。颜色上推荐浅色系，如白色、米色等，能很好地衬托内搭连衣裙的亮丽感。

包包可以选择小香风格的肩背小包，背带可以自行拆卸，以便在必要的时候当作手拿包。同时，包里可备有口红、手机、香水小样、补妆粉及钥匙等，以备不时之需。

2.4.2 豹纹单品

　　除了年会，婚宴、生日宴也是人们经常需要出席的场合。

　　我们推荐集热情与野性于一体的豹纹图案单品，这种单品非常适合成熟女性穿着。对于豹纹单品而言，它可以采用黑色、白色、灰色和红色等永恒经典的色彩，因此在搭配时也颇有讲究。

　　豹纹单品的图案就如同碎花服装，非常"吸睛"。所以将它作为主体穿着的时候，其他单品则不建议再带有豹纹元素，否则会导致既没有了主次，又使整体搭配看起来非常廉价。身材高挑、面部轮廓偏硬朗的女性更能驾驭豹纹服装带来的这股野性。

　　在夏季，带有豹纹图案的服装应选择轻薄质地的面料。因为豹纹本身给人以热辣、厚重的视觉感受，而为了中和这火辣辣的感觉，雪纺、蕾丝面料制成的连衣裙、背心及半身裙等都是不错的选择，既保有了豹纹原始的野性，又融入了女性的柔美，整体看起来非常和谐。

因豹纹连衣裙整体上显得大气、成熟和性感，所以在包包的选择上尽量偏向精致的手拿包或斜挎包，与服装整体形成鲜明对比，以保持服装的轻盈和薄透感。反之，超大的包包则会在视觉上加重整体造型的负担，显得累赘。

在冬季，我们在考虑身着豹纹服装时候，建议选择豹纹大衣或短外套，然后搭配带有绒面的棕色长靴、白色或黑色的毛衣。这样上下内外的色彩都显得较为统一，内搭低调，外套奔放，气场逼人又不失稳重。

选择豹纹大衣或短外套时，注意面料的质感与做工的精细程度，劣质面料和粗糙的做工会让此类服装的品相大打折扣。

如果你身着经典黑色的豹纹服装，想要来点"画龙点睛"的效果，那么在配饰上可以选择带有豹纹装饰元素的包包、围巾、戒指或耳环等。这些物品虽小，却足以彰显出亮点，给你略显沉闷的穿着带来些许生机。

2.5 服装材质与面料的选择

当我们在浏览宝贝评价页面的时候，经常会看到有买家对服装面料提出这样或那样的疑问，诸如，我以为是那种面料，可收到货品却是这样的面料。其实，这多半和大家平时的网购习惯有关，同时更重要的是因为大家对服装的材质和面料不够了解。

当我们在网上看到一件美丽又便宜的服装时，会迫不及待地将它买下来，有时候可能很少阅读甚至根本没注意到详情页里对产品材质和面料的介绍，也不注意浏览过往买家的真实评价。当然，这也和一个人的购物习惯有关，就好像我们在超市里买食品，我们首先应该关注的是包装袋上的配料说明，其次才是价格。

当我们在网购服装的时候，首先应该认真阅读面料的相关介绍与说明，再结合产品整体样式决定是否购买，避免"一失足成千古恨"。

同时，这也是我们在此处单独讲解"服装材质与面料的选择"知识的初衷，目的是想让大家在网购前能对服装面料有一个基本的了解，尽可能地帮助大家减少一些不愉快的网购经历。

 2.5.1 套装面料

在通勤女装套装中，深受消费者青睐的便是西服和大衣了，西服和大衣的面料也分为很多种。下面，我们向大家介绍网购中比较常见的几种套装面料。

◈ 涤纶

涤纶，也就是我们常说的Polyester（聚酯纤维），属于人造面料，现在大部分服装的面料成分当中都有它的影子。

涤纶面料因其比较良好的服用性能，与其他天然的纤维混纺，能达成挺括、免烫和易清洗的效果。所以当我们在购买合身且偏正式的职业装时，面料中含有涤纶成分的西服会更加有形，同时在后续清洗、晾晒和收纳时也都比较方便。

对于套装的里衬来说，一般也是以涤纶制品为主。

在夏装的连衣裙中，其防走光里衬也多为100%涤纶面料，因其较不透明的特性而成为外层较透面料的好帮手。

◈ 粘胶纤维

粘胶纤维，俗称人造丝或冰丝，它是从植物等纤维素中提取的α-纤维素或其他原料，经加工后变为纺丝原液，最后经过湿法纺丝制造而成的人造纤维，兼具天然纤维与人造纤维的特点，被广泛运用于各类纺织品中。因其吸湿性较好、易染色且颜色艳丽等特点，制成的服装穿着较为舒适。粘胶纤维经常与其他纯天然原料混纺，而跟羊毛混纺后就会形成我们经常所说的大衣呢面料。

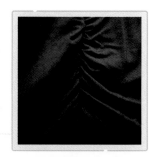

在一些夏季服装当中，不少T恤或连衣裙的面料当中都有它的影子，穿着时有棉质品的舒适感，又带有丝滑冰凉之感，透气而防静电，是制作夏装的理想面料。但因其弹力较差，所以在服装中经常与氨纶、涤纶等成分混纺，如此使服装面料垂感良好，也弥补了其本身弹力不足的缺点。这种面料多见于超长款的背心或吊带连衣裙当中。

粘胶纤维除了弹性差以外，还容易出现褶皱并容易缩水，因此洗涤时要尽量轻柔，不宜长时间浸泡和暴晒。

2.5.2 衬衫面料

◈ 天然纤维

大多数时候，我们都是贴身穿衬衫的，因此对衬衫的亲肤要求比较高。我们常见的衬衫面料以纯棉、绵竹和棉亚麻混纺而成的天然纤维面料为主，它们在柔软度、透气度及吸湿性方面都十分出色，是非常环保的衬衫面料，且不易对人体皮肤造成伤害。

◈ 人造纤维

上面我们所讲的常用外套面料也广泛运用于现在流行的女装衬衫当中，并且以涤纶、黏胶、锦纶及一些其他成分混纺为主。以天然纤维为主的面料在价格上会高于人造纤维，而大多数网购品牌的定位都是中低端快销，因此常见的衬衫面料还是以人造纤维的居多。但为了增加舒适度，很多面料基本上会与天然纤维混纺，否则纯人造的面料可能在透气性和亲肤性上差许多。

🐦 2.5.3 夏装面料

夏天女装的面料无外乎涤纶、棉、麻、人造丝、雪纺、真丝及混纺等种类。下面我们先来讲讲网购热搜词当中经常出现的"雪纺"吧。

◈ 雪纺

雪纺一词的由来

雪纺，这个词一到夏天就成了网购热搜频率较高的词，几乎各类女装都会运用这一面料来推陈出新。

雪纺，来源于法语Chiffe，意思是轻薄透明的织物。而如今商家们把具有轻薄、透明、飘逸等特性的面料都归类为雪纺，使得买家们对这一面料的认识产了种种疑惑和认识上的误区。

目前对于上了年纪的妇女们来说，曾经接触纺织业方面的工作居多，因而对于雪纺的学名"乔其纱"一词可能并不陌生。根据所用的原料不同，可以分为真丝乔其纱、人造乔其纱和交织乔其纱等种类。

雪纺的特点为质地轻薄、透明且富有弹性，多以淡雅素净的色彩出现。透气性，垂感良好，不太容易起皱或起球，加工染色也较为便利，制成成衣后给人以飘逸清爽的视觉感受。如今流行的"仙范儿"一词，大多数是由雪纺面料制成的衣服体现出的美感。

由雪纺衍生出的雪纺纱面料是由经纬丝涤纶FDY100D加捻工艺制作而成，然后结合经蒸烘退捻的特殊整浆工艺，有种仿亚麻的环保手感，十分透气。由雪纺面料制成的成衣穿上身后会更显舒适、轻松。

真丝乔其纱与仿真丝乔其纱的区别

在年轻人眼里，视觉上看去差不多的雪纺面料都可称之为雪纺。而对于上了年纪的女性而言，放眼望去只有真丝乔其纱才能被称为真雪纺。

真丝乔其纱与仿真丝乔其纱相比，两者在价格上差别较大，后者的面料成分多为涤纶，并且有些仿真丝乔其纱还会由100%涤纶面料制作而成，在外观上复制了真丝乔其纱的所有优点，轻薄、垂感及柔软一点不落，但穿着后体感会有很大区别，亲肤性差，且透气性一般。但对于喜欢网购的年轻人来说，利用平价多购买几件如此成分却不同款型的衬衫来内搭也是不错的选择，因为它不易褪色、变形，且方便打理，即便数年反复穿着和洗涤，衣服依然能保持较新的状态。

真丝乔其纱略粗糙并有起皱感，顺滑且不会起皱的则可以称之为真丝雪纺了，它们在外观上都具有轻薄、垂感好及柔软的特点，穿上身后亲肤性非常好，且较环保，对人身体无害，凉爽透气，很适合夏天穿着。这些都是100%涤纶面料所不能比拟的，但其及不上人造面料的一个缺点便是容易缩水、褪色和易撕破，所以在保养和收纳上要格外小心，避免机洗、暴晒或用力拉扯。

珍珠雪纺、乱麻雪纺知多少

除了上面常见的雪纺面料之外，如今又流行起珍珠雪纺、乱麻雪纺等词汇，弄得消费者们晕头转向，那么它们到底有什么区别和特性呢?接下来我们为大家一一解答。

珍珠雪纺

珍珠雪纺又叫作高捻雪纺，由宽幅的喷水织机织造，并经过特殊处理工艺制作而成，其布面自然、蓬松，且易收缩，表面形成如珍珠一样的颗粒，因此被称为"雪纺珠"。

珍珠雪纺由于面料经纬疏朗，因而穿起来十分透气，再加上染色中的减量处理充足，面料手感尤为柔软和顺滑，纹路清晰而细腻。雪纺珠密度越高，面料就越结实且不易变形。

乱麻雪纺

乱麻雪纺是近年来兴起的一股新生雪纺力量，一般以棉和涤纶混纺而成，且涤纶的成分居多。面料垂感较好，不易起皱，外观和手感都类似麻纱，不会特别透，成衣质感较好。

但乱麻雪纺有一个小缺点，便是缺乏弹性。所以在挑选以乱麻雪纺为主要面料的服装时，要注意测量胸围，因其缺乏弹性，在网购时通常要选大1~2号的尺码为宜。

◈ 蕾丝

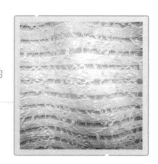

蕾丝面料一开始用于欧洲贵族服装的制作当中，如宫廷礼服等。但近年来，它作为时尚元素的一个分支，与雪纺的拼接、运用展现了完全不同于它本身的美。

蕾丝的种类超过几万种，从最初的费时手工到现代的机械化制造，经过了很多次的演变。目前市面上的蕾丝面料成分与从前的成分也大不相同，现在市面上的蕾丝面料大多是以涤纶、纯棉、锦纶及黏胶等作为原料制成的，手感区别较大，花纹也多种多样。蕾丝有一个缺点，就是缺少弹性。因此，为了让女性穿着较为舒适，在蕾丝制作时，还会加入氨纶、弹力丝等成分，以增加其弹性。

蕾丝在服装上的运用非常广泛，尤其是在内衣上，我们经常会见到它的身影。但这里要提醒大家一点，在挑选内衣的时候，我们首先考虑的应该是它的舒适度。如果购买的内衣是由100%人造纤维制成的，那么亲肤性肯定会比较差，而且长时间穿着还有可能导致胸部不适，伴有红肿、瘙痒及过敏等症状，因此在内衣的挑选上建议选择含有棉成分多一些的款式。

因蕾丝的制作工艺较复杂，清洗与收纳时需要比普通衣物更加小心才是，避免机洗，建议用冷水和较为温和的肥皂手洗，或者拿到专业的干洗店进行清洗。同时，洗涤的过程中不要用力拉扯，以免造成衣服勾丝的现象，同时晾晒时也最好平铺，悬挂易导致花纹变形。

在网销类蕾丝服装中，以水溶花边为主的产品颇受欢迎（购买时可搜索关键词"水溶花蕾丝"），这种工艺制成的带有花边的服饰图案会更加立体，手感也更舒适、柔软，耐洗且不易褪色，去污也较容易。

◈ 欧根纱

很多时候，年轻人往往对雪纺、蕾丝及欧根纱傻傻分不清楚，简单地以为这三种是同一种面料的不同称呼，其实不然。

欧根纱常用于法国设计款的婚纱或晚宴礼服等，因其挺括的质感特别容易造型，不需要裙衬就能体现蓬蓬的效果，因此也被广泛应用于窗帘、丝带及饰品等的制作中。

与前面讲的雪纺面料一样，欧根纱面料也分为真丝欧根纱与普通欧根纱两大类。前者是真丝成分，后者为化纤成分。

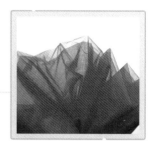

欧根纱因其平纹和透明的特点，染色后色彩鲜艳，质地轻薄，与真丝产品在视觉上比较类似。同样的，真丝欧根纱手感会比普通欧根纱更显丝滑，而仿真丝欧根纱亲肤性较差。

如今，欧根纱经常与雪纺、蕾丝面料一同出现在宫廷复古风的连衣裙及礼服上。雪纺展现飘逸，蕾丝体现性感，而欧根纱则能凸显坚挺与高贵的气质，特别适合在宴会和到欧美文化城市旅行的时候穿着。

2.5.4 冬装面料

在冬装面料中，"毛呢大衣"这个关键词可谓占据了女装热搜榜单的半壁江山。毛呢面料因其出色的保暖性与质感良好的特点颇受年轻人的喜欢，多运用于大衣、西服等外套服饰的制作中。

毛呢是一种统称，包含了羊毛、羊绒等织物成分。毛呢面料除了有纯毛呢绒和化纤呢绒之分，还有各种天然与人造纤维合成的呢绒。

网络上比较常见的毛呢面料种类有用来制作大衣外套、半身裙和靴裤的花呢（如今颇受网购族青睐的是粗花呢制品），用来制作西服、制服的华达呢，用来制作居家服睡衣、地毯、床上用品的法兰绒，用来制作中高档外套的耐磨麦尔登，运用较为普遍且与麦尔登外观相似的学生呢（以羊毛与其他人造纤维混纺为主），还有用于制作制服、中山装、COSPLAY演出服等服装的制服呢。

不过，如今如果我们在网络上搜索关键词"呢大衣"，搜到的可不一定都是纯毛织物或者混纺织物的，也有可能是纯棉制品的大衣。纯棉大衣的优点在于有一定的保暖性能，透气亲肤，质感较为柔软；但缺点在于较容易褪色，也容易出现皱褶。

目前，"呢子"一词已不仅代表它所使用的面料，还有可能和服装的外观、质感、样式和种类都有关系，所以，我们在网购下单前务必仔细阅读清楚所购买服装的面料成分。我们往往无法从图片上看出各种呢料之间的区别，很多时候卖家的图片经过美化或并非实拍，因此就更难从面料细节的质感上来区分其真伪和优劣了。

还有一种更为美观与保暖的面料"双面呢"。双面呢，顾名思义，里衬与外层面料是一样的，并且是由两块不同纹理的面料经过工艺处理织成一个整体性的面料，需要仔细分辨才能看出其表面上的区别，因而此面料制成的服饰有些可以是正反面通穿的。此类大衣若网络售价低于百元，则多以纯棉或人造纤维混纺制成；而由纯毛双面呢制成的大衣总体价格偏贵，网络售价在600元~2500元。

一般来讲，用料较好的毛呢大衣以羊毛、羊绒及驼绒等动物纤维制成，特点是手感较软且富有弹性，回弹性好，同时褶皱较小，另外还带有一定天然毛发的光泽度。虽然是毛毛的视觉效果，但却很平滑、柔软。而化纤呢绒在光泽度上就略逊一筹，手感较硬，并且回弹性不佳。如果收纳保养不到位则会产生不少的褶皱或折痕。

通常来说，羊绒大衣会比羊毛大衣贵，因为羊绒产量低，性能佳，被称为软黄金，所以纯羊绒的大衣价格不太亲民。市面上此类大衣以羊毛和羊绒混纺的居多。

不过，如今服装的制作工艺日趋成熟，原料也多种多样，混纺的面料能够结合天然纤维与化学纤维的优缺点，使得成衣品相和耐用度都有所提高。

如果纯毛制品的价格让你难以接受，我们在购买这类服装的时候可以关注一下具体面料成分的相关介绍。以天然纤维为主，以人造纤维为辅的大衣也是不错的选择。

正因为毛呢的原料多种多样且非常复杂，衣服厚重而体积大，在家里清洗非常不方便，所以建议将大衣送到专业干洗店进行干洗和清洁，切勿暴晒，熨烫时注意调节熨斗的温度。收纳时有条件的可以套上一个专用袋作为保护罩（网搜关键词：防尘罩），这样可避免大衣与其他衣服的纤维及空气中的灰尘相接触而出现沾灰现象。

对于冬装来说，还有羊绒、棉服及羽绒服等，相关的面料知识我们将在后面的小节中为大家详细解析。

2.6 网购通勤装时需要了解的技巧

当为自己挑选平时的通勤装束时，我们需要从以下几个方面入手：价格、面料、做工及尺码等。这些因素同样也适用于其他服饰、鞋帽的选购。下面我们就来为大家讲一讲网购通勤服装时需要掌握的一些知识与技巧。

2.6.1 网店的选择

对于店铺的选择，如果你比较注重品牌文化，那么优先推荐的是品牌商城、品牌官网或者有企业认证（指持有工商营业执照）的商铺等，并且选择品牌历史较长的为佳。因为这些商家在女装的专业领域上有更多的销售经验，在面料选择、制板、制作工艺、销售、物流及售后服务等各方面都经过了时间和市场的考验，所以很容易得到消费者的认可。

在具体购买时，如果对于所购买的物品不能确定是否是正品，可以优先选择承诺假一赔三、第三方质检、品牌授权及无理由退货时长超过7天的店铺。

同时，对于钟爱传统线下品牌的人来说，随着目前O2O（即Online to Offline，在线到离线/线上到线下，是指将线下的商务机会与互联网结合，让互联网成为线下交易的平台，此概念最早来源于美国）商业模式的兴起，线上线下的互通销售，传统品牌已纷纷在电商平台上入驻，那么在挑选的时候可以先把自己想要的服装放入网络购物车中，然后到实体店去找对应货号的衣服进行试穿。这样能够精准地知晓尺码及面料的舒适度等是否合适，同时也避免了网购的衣服出现较大色差的问题。另外，在网络上购买产品时，很多时候都能得到线下专卖店没有的折扣与优惠。但是由于O2O模式是线上和线下同步销售，网络旗舰店也经常会出现断货的现象，并且很多商铺在售罄后也不会再补货，所以对一些热卖的商品大家看准后就要尽快下单，避免抢空。

TIPS
　　随着"互联网+"（指一种新的经济形态）的深入，如今市面上已经有颠覆型的O2O产品诞生。当网友们在品牌店或电商平台的官网注册会员时，持会员卡或专享移动端二维码到指定品牌线下专柜购买与网店同货号产品，再扫码网络会员卡后，即可获得与网店同样的价格，又能够直接试穿，省去了网购所涉及的诸多风险与流程，而目前这种消费模式只在部分城市试运营，但相信在不久的将来，这样的便利与实惠能真正地惠及更多的消费群体。

　　对于不是太注重品牌的人来说，只要优先选择专卖通勤或职业装的店铺即可。如果不是品牌商城，请大家注意一下卖家的开店时长，这里并不是说开店时间越长信誉度就一定越好，但是开店时长过短的店铺较开店较久的店铺来说，购买的风险要大。曾经我们就见过不少受骗的买家说想要通过投诉行使自己的售后权益，却发现店铺已经注销，而这种店铺的开店时长往往只有几个月甚至更短。

　　为了更具体地了解店铺的具体情况，不仅需要关注店铺的开店时长，还要查看其动态评分。在店铺的评分当中，我们可以非常直观地评判出此家店的综合素质，并且初步了解其产品质量与描述的相符度、发货速度、物流情况及服务态度等。注意单纯地从信誉的角度，往往无法真正了解店铺的实际情况。

但是有时候动态评分也往往不能真实地反映一些具体的问题。因为有不少买家没有主动确认收货的习惯，都是等待系统进行超时收货处理，从而也就放弃了评价的机会，更不会进行动态评分的评价，而这样一次交易的评分是不计的。那么如果卖家遇到10个对产品满意的买家都没有进行评分，而恰好有对产品不满意的买家却进行了差评，或没给满分，那么其他买家对产品的总体印象和评分也势必会受到影响。

因此，在准备购买意向店铺的商品之前，店铺的整体评分或商品的具体评价可以作为我们决定是否购买的参考信息之一，但信息的准确性并不是绝对的。

TIPS

当我们对某家商店中的一件商品有意向购买时，要注意本商品的过往买家的评论内容是否都用同一种语气和描述形式，如果满屏都是相似的溢美之词，那么就得小心了，这很有可能是一些商家刷单制造出的虚假评价。

如果一件商品好评有几百甚至上千，但是没有一个买家晒图，那么也要小心。由于如今的智能手机普及较广，收货随便拍摄一下发布图文评论都是特别简单、便捷的事情，而如果在如此众多的买家中没有多少是有晒图评价的，那么也有可能是商家的一些不良促销手段制造出的虚假评价。

如果在商品评论当中若出现"追加评论"等内容，可以好好留意一下。因为买家经过对商品的使用、清洗与晾晒等过程，对商品已经有了一个比较明确的了解，如商品是否存在起球、抽丝、掉色及粘毛等现象。

此外，在商品评论中若出现少量中、差评的话整体会更有参考价值，就如"一千个人心中有一千个哈姆雷特"。那么同样的，对于一件衣服，每个人看到时的感觉和穿着时的感受也都不一样，因而商品的一些负面评价能让我们更真实、直观地了解这款商品的缺点、卖家的服务态度和物流等情况。但极个别的有可能是职业差评师或同行故意诋毁的评价，如一款宝贝中有90%的好评，但却有个别极其恶劣的差评，那么差评基本上可以忽略了。

在网购当中，商品出现色差问题屡见不鲜，因为在数码相机镜头下拍摄出的产品和我们用肉眼直接看到的商品肯定有差别，何况好多商品图片在使用前都经过后期调色处理，因此在平日里，大家有必要大致了解一下在不同光线下不同颜色的物品基本上会呈现什么样的颜色等知识。

针对以上所说的这个问题，日光外景和棚拍布光内景所拍摄出来的商品往往会比商品本身的颜色要浅，而且有些商品还会产生或多或少的"反光"现象。如果在"宝贝详情页面"中只有这两种商品图片呈现，那么大家就可以根据自己的经验来判断出商品的真实颜色和质感了；如果宝贝是在背光或较暗的光线下拍摄的，那么势必会比实物颜色要深；如果宝贝是在靠窗一侧拍摄的话，那么商品的受光面部分则会比实际的商品颜色要浅，而其背光部分就可能最为接近商品实物的颜色。

此外，网购服装时，如果出现色差的现象还可能和买家使用的电脑显示器、手机屏幕的分辨率及亮度有关。每个人眼睛对色彩、光线的敏感程度、自我心理暗示及认知程度都是不同的，就好比一条颜色又像蓝黑色又像白金色的裙子，卖家不可能在商品展示中做到100%的还原，所以大家可以在可接受色差的范围内进行购买，以避免造成不必要的中、差评纠纷。

对于物流服务，大家可根据自身需求而定。如果你购买的服饰为急需品，那么宝贝页面有承诺发货时间在24小时内的为佳，并且可与卖家商议使用你指定的快递公司，这时候对应的快递公司中如果超出卖家指定快递服务价格的邮费则很可能需要由买家个人自行贴补。

如果买家所购买的商品为大额商品，可以选择在带有货到付款服务的店铺里进行购买，最好在快递员送货上门时当面开箱验视一遍，确认物品完好后再进行签收，随后再付现或刷卡。

部分店铺售后服务往往非常完善，支持15天无理由退货，包裹运输途中破损可让卖家做补寄处理，而且在购买商品的同时就支持退运险和开具发票等服务。

在平时的收货过程中，买家能够亲自收货的应尽量亲自完成。而因诸多因素无法本人验收的买家，可选择网购指定代接收驿站或数字化的储存柜等，以避免快递员在派送途中联系不到收货人而随意丢给门房、保安或前台的情况，从而造成物品遗失的问题。

2.6.2 通勤装的购买与尺码选择

通勤装的销售价格往往与其面料、做工难易程度、五金配件品质的好坏及品牌价值等有关。

对于初入职场的人而言，消费能力有限，所以不推荐太过昂贵的品牌，但这并不意味着我们只选择便宜的就好。如果一套通勤职业装的购买价格是你月收入的一半甚至超出一些，但它带给你的价值和耐用程度与价格成正比，那就不妨咬咬牙买下来。因为在去面试或者刚刚入职的时候，我们要给面试官或上司留下好印象，并且也可以说是在职业道路给自己一个良好的开始。

TIPS

众所周知，当我们想要选购一套通勤装束的时候，经过关键词或者相关图片的搜索，搜索引擎一般会列出几百上千件类似的"同款"，不仅宝贝名称相同，且图片也都是一模一样的，但价格差别却很大。遇到这样的情况，我们该如何辨别好坏呢？

首先，我们可以打开两家价格相差最悬殊的宝贝页面，结合前面几节所讲的辨别商品综合质量的方法。看动态评分，如果价格较低的这个宝贝动态评分很低，中、差评较多，那么基本可以确定这家所卖的是仿制品，在用料和做工方面都较粗糙，成本也较低廉。如果是没有品牌价值的（无标）产品，价格也会相应低一些。

然后，看看价格相对高出好几倍的店铺，是否为自主品牌，持有注册商标等。同时对比所用的面料和买家穿后的体验、售后服务以及物流等评价，如果这些信息所呈现的都比低价的要好很多，那么基本能够确定是正品，可放心地购买。而如果大家只是抱着随便穿穿，当作耐脏工作服的心态，价格较低的宝贝也是可以考虑的。

接着，有一些店铺的同款宝贝价格相差不大，仅是10元~30元，那么很有可能是一模一样的产品，且都是同一个厂家的代理商，这时候就要看店铺和宝贝的综合评价跟服务质量了。有的店铺只卖产品但拒绝售后，有的店铺卖家虽然是代理，但对产品的特性非常了解，并且有完善的售后服务。另外，还有一些商铺在宝贝页面中会显示非常醒目的授权字样，那么这就是加盟了品牌商城的代理卖家，所有产品、服务、物流及售后都是由品牌方全权负责，如此便可以保障品质与官网购买如一。

最后，对于网购服装来说，我们要有一个比较正确的心理预期，所谓"一分价钱一分货"，不是没有道理的，这样也能有效地避免因预期过高但收到实物不够理想而大失所望，以致带来的中、差评纠纷等不开心的购物经历。

由于我们网购的是通勤装束，并且OL职业装有别于其他类休闲宽松的板型，它往往只有合身才能凸显出我们的精气神，所以我们要了解自己的身材情况，这样能适当避免因尺码不合适而产生的一些不必要的退换货情况。当然，退换货也有商品质量、物流丢件等问题。使用七天无理由退货服务往往需要买家自己承担运费（个别买卖双方商议的包邮商品可由卖方承担发货运费）。

随着智能手机的普及，如今我们能够在移动端更为便捷地完成网购，但这里往往会涉及我们所使用的网络环境。

比如，在非Wi-Fi网络环境下，手机应用为了给你节省2G/3G/4G流量，在打开产品页面的同时有可能会自动精简图文描述，这时候下单很大程度上会造成收货后尺码不准的情况。所以，在这时建议大家可以将中意的服装先收藏或者加入购物车，等到在能够查看完整图文的网络环境下再进行付款，完成购买。

在网购下单之前，大家要先仔细阅读商品页面的尺码表、模特和客服试穿体验的图文展示及过往买家带有三围数据的评价等。

建议大家根据需要提前将自己的身高、体重、三围（即胸围、腰围和臀围）、肩宽、臂围、腿围、鞋码、头围都测量出来，然后对比和参考商品详情页的信息，就能很快找到相应的尺寸，或确定商品是否符合自己的购买需求。

如果大家在参考以上信息后仍旧对尺码拿捏不准，那么这时候可以咨询店铺客服，要求他们直接向你推荐合适的尺码。但是不得不说的是，客服的推荐尺码也只能作为一个大致的参考。因为对方并不知道你具体的身材是什么样的，而你在对自我身材描述时可能会有误差，同样身高体重的人的三围可能都大相径庭。最终是否购买还是自己做主比较好，以免因客服推荐的尺码不合适而导致差评纠纷或不愉快的购物经历。

在网购时，比较常见的尺码测量工具是软尺测量，测量的方式有平铺与悬挂等，这两种方法测量出来的数据与衣服穿上身再测量是有出入的，如以前种方式测量出来的衣服衣长往往会比以后种方式测量出来的长几厘米。

上衣一般测量的是肩宽、胸围、腰围（如今很多衣服是直筒形的，这种衣服所测量的胸围与腰围可能相差无几）和衣长。如果测量后得出的数据和意向购买的商品都差不多，那么基本上没有太大问题。

　　裤装通常测量的是腰围、臀围、腿围和裤长。同时，不少加入氨纶成分或有松紧带的裤装是非常具有弹力的，所以平铺尺码的数据往往会比较小，我们在下单前可以咨询客服有关裤装弹性的情况，如弹力是否够大，是否真正适合自己穿着等。

　　有些店铺在测量时往往是以尺计算的，而我们在测量时大多以厘米（cm）计算，如果你擅长换算单位那自然没有太大问题，不会换算的一定要进行咨询或在网上查询后才可以购买。

除了偏休闲一点的通勤装以外，较为职业化的套装对身材要求会更高一些。如果你没有网购职业装的经历，那么可以就近找一家裁缝店，让裁缝帮你做一下相对专业的测量，以保证得到的尺码数据更为准确。

在测量通勤装尺码的同时，还需要注意一下对应服饰的板型。一般韩版比较修身，中国码适合中国人，欧美码偏大。大家在购买前，请先仔细阅读尺码表的板型描述，并且了解国外尺码相对应的中国码是什么型号，这几个板型的最大区别在胸围和腰围上。（关于海淘、代购各国服装的尺码详情，请阅读"7.8 潮牌选购、海淘与代购技巧"，有详细介绍。）

以下为国际女装上衣标准码与中国女装上衣标准码的对照表。

国际女装上衣标准码	中国女装上衣标准码（单位：cm）	胸围（单位：cm）
XS	身高 160~165	胸围 84~86
S	身高 165~170	胸围 88~90
M	身高 167~172	胸围 92~96
L	身高 168~173	胸围 98~102
XL	身高 170~176	胸围 106~110

此外，根据季节的变化，大家在选购衣服的同时也要做相应的变化。外套最好选择大于贴身衣服1~2号的尺码。衣服过紧会导致起褶且不伏贴，容易给别人不好的印象，并且还会导致肩膀和袖筒穿起来困难，整体的舒适度下降，这样在一天紧张的工作后非常不利于身体的血液循环，肌肉也会紧绷。而宽松的外套板型适合层叠穿法，可使内搭有更多的空间和时尚感。

最后，我们针对工装鞋的鞋码稍微给大家讲解一下。工装鞋大多数都是尖头款型的，留给脚趾活动的空间较小，因此在网购鞋子的时候需要注意，如果你的脚背偏厚，那么建议在平时的尺码上选大一码，这样即便收到鞋子试穿后有些大，也可以通过增加鞋垫来调整出舒适的效果。在购买时也要特别注意宝贝详情页面里对于鞋子的相关描述，有些鞋子尺码可能并不标准，偏小或者偏大的情况也是常有的，所以在购买时不要急于下单，建议彻底了解清楚之后再做定夺。

03

小清新服装搭配
要点与选购指南

3.1 韩系学院派服装搭配

如今，我们经常听到"韩系学院派"这个词，从字面意思上来了解便可略知一二。韩系学院派风格的装扮借鉴了欧美高校学生穿着的标准制服，融合了英式制服的古典与美式制服的现代。很多人觉得走出校园，这种穿衣风格就不再适合自己，其实不然。学院派风格服装的魅力来自它象征的象牙塔中的青春，代表一种年轻的心态，从而使得许多设计师都习惯将这些元素扩展和运用到我们平日的穿搭中去。我们并非一定要穿着制服才能够打造出书卷气息，只要在搭配时带上一点点学院风的小元素就会让我们的整体气质变得妙不可言。

3.1.1 背带裙

近年来，韩系减龄风越吹越烈，除了日常通勤OL的精致装扮，可爱的学院派女生搭配也非常受大家的青睐，而其中非常显嫩的单品便是背带裤。都说时尚是不停地老翻新再新翻老，当复古与时下潮流碰撞之时，势必会摩擦出不一样的火花。背带裤又可以细分为裙子和裤子的款式，且其中直筒款式的背带裙和背带裤在视觉上并没有什么差别。

另外，韩版服装在OL通勤类服装中以修身款居多，但一说到休闲装却是均码样式的占大多数。尤其是T恤服装这一类，它们多以F（即Free Size）作为尺码标准，适用人群基本涵盖了身高在160cm~170cm及体重在45kg~60kg的人。

◈ 显嫩高中生的搭配

　　对于身材苗条的女生来说，肥大的T恤能够穿出男友风的范儿，与本身的身材形成鲜明对比。（网购推荐搜索关键词"男友风""BF风""韩版""宽松T恤"等即可。）对于微胖的人来说，穿着此种风格的服装很可能会显得胸部更加丰满，这时候你就需要拥有一条高腰款型的背带连衣裙作为帮手，以巧妙地掩盖身材的不足之处，成功达到"减龄"的效果。

在具体穿着时，可将T恤下摆塞进裙子里，并将裙子背带调整至高腰位置，如此带有伞裙百褶板型的下装就会有蓬蓬的隆起效果，从而起到"减龄"的作用，同时能有效地解决一些人的大肚腩问题。此时可别小看了裤裙上两根背带的作用，它们能起到如腰带一般的修身效果，同时又不会像腰带般紧紧地勒住腹部，让穿着的人感觉不舒服。

为了与学院派的书生气质相呼应，在包包的搭配上选择手拿包显然不太适合，而双肩包则可以起到恰到好处的点睛作用。推荐精致小巧的包包，这样可以使你显得更加俏皮可爱。

在背双肩包时，可将其背带调整得稍微长一些，在背上时让包包自然垂落于腰间，显得随性而自然。

◈ 显嫩教师的搭配

在夏季，背带裙除了可以与基本款黑、白、灰色的上衣进行组合搭配之外，搭配亮色系的T恤也会很好看。在T恤的选择上建议首选糖果色，如此便更显青春、甜美、活力。不过若是针对肤色偏黄的人，注意避免尝试黄色及亮橙色，这些颜色会使面色显得更加暗沉。这里推荐偏浅的蓝色或者粉色，搭配起来效果也会很不错。

背带裙加双肩包的装扮如果觉得还不够"显嫩"，那么可以佩戴上一副圆形眼镜，以增加书卷气质。圆形镜片在视觉上有放大眼部的效果，无需美瞳和夸张的假睫毛，就能打造出漫画效果的水灵大眼。抛开老气的披发，双马尾是"减龄"首推的发型哦！

针对肤色较白皙的人，强烈建议穿亮橙色的服装，通过光线将颜色反射到面部，可以起到提暖的作用，仿佛自带美颜效果，不需过多修饰就能凸显出皮肤的水嫩之感。

摘掉帽子，换副平光镜，从邻家妹妹变成幼儿园老师就这么简单。当然，眼镜的款式不能选择之前讲的圆形镜框了，否则会太过低龄萌化，可以选择年代感比较强的不规则四边框眼镜。为了避免老气，在镜框花色的选购上可以来点不一样的，豹纹、碎花元素尤为推荐，如此可谓古今结合，潮范儿与稳重并存！

3.1.2 背带裤

背带裤在20世纪主要用于日常通勤，而随着时间的推移，这些看似并不时尚的衣服却悄然演变成了潮流的领军单品之一。

因其宽松的板型，不用担心暴露肚腩和粗腿，它可以巧妙地将这些局部肥胖的地方遮掩起来。在选购的时候甚至可以选择比平时衣服的尺码大一号，这样肥大的裤管可以与稍粗的腿部形成鲜明对比，从而更加显瘦。

为了体现出度假中的休闲与俏皮感，一顶草编帽子必不可少，它在有效防晒的同时，也起到修饰脸形的作用，让你立刻拥有小V脸。

此外，发型可选择"减龄"的双马尾麻花辫，瞬间让你年轻感爆棚。

尤其推荐日式的背带裤，相较于韩系的紧身裤来说，它们一般不挑身材，那种松垮感凸显慵懒不羁的性格，与本身附带休闲感的T恤衫搭配相得益彰，即刻让你感受到童趣。

针对同一类型的服装，将配饰换成不一样的款式，立刻就会变得不同。这里我们将度假草帽换成撞色的鸭舌字母棒球帽，将反光太阳镜换成小巧复古的圆形太子镜，整体气质从度假的休闲感变为了俏皮搞怪感，更偏向嘻哈饶舌歌手的造型风格。

3.2 韩系街头风服装搭配

可以说，韩国街头风格受欧美潮流影响颇深，但又有自己的不同之处。亚洲人往往娇小而柔美，跟宽松酷劲范儿结合在一起，就有了不一样的东西方感觉。

韩系街头风装束既不会像职业装那么正式，又不会如中性街头装那么硬朗，可谓自成一派，在年轻女性中拥有一大批忠实粉丝。

3.2.1 长款T恤

长款T恤搭配与上一节的"韩系学院派搭配"属同一类，但在展现人的气质方面又是另一番风情。如果说前者展示的是在课堂安静读书的文艺书生女的气质，那么后者便彰显的是在课间活动时，更潮酷与个性的顽皮女生形象。

◈ 印花字母T恤搭配

对于不爱搭配和懒于装扮的轻熟女们来说，长款T恤能当作连衣裙穿着，可谓一举两得，既省时又省心，而且还颇具美观性。这里推荐直筒形的，偏瘦的人穿起来感觉松松的，突出苗条多姿的形象，而对于微胖的人则有效遮盖住肚腩，起到均匀体态的作用。

大家还可根据场合与个人喜好选择衣服上的印花。比如，你若是钟爱潮酷风格，那么字母、恶搞图案及卡通形象等元素为首选，它们能够很好地张扬你的个性；如果你希望气质偏淑女一些的，可以选择面积较小的印花，具体图案推荐美女头像、小花、小草、局部亮片及钉珠等元素。

为了凸显出"减龄"效果，复古的双肩包是必选的点缀单品，粗背带显中性味道，细背带则表现得更淑女，松垮的背带设置还能体现出休闲、慵懒的随性感觉。

长款T恤也是非常百搭的打底单品，不仅能够单穿，在季节交替之际搭配外套可显出混搭气场。此款搭配较适合高个子女性尝试，外套的长度建议选择与内搭T恤相同，这样可以显得上半身更加修长，有种瞬间被拔高的感觉；下装以紧身的打底裤、牛仔裤为佳，这样可以使你的整体比例和谐而狭长。

为了凸显出搭配的层次感，如果内搭T恤为浅色，那么外套尽量选择深色；下装、鞋子及包包的颜色可依据个人的喜好而定，尽量以呼应上半身的主色调，同时在细节上可以来些小变化，如选择带有亚光、亮面等元素的鞋子和包包作搭配也未尝不可。

近年来，光脚穿鞋成了潮范儿惯有的穿着方式。光脚穿鞋的方式可以让裸露的脚踝与腿部具有延展性和连贯性，在视觉上拉长腿部到脚面的距离，从而使得身形更加修长，真可谓"超心机"的搭配。不过，为了脚部的健康，偶尔这样穿着倒也无妨，但总是光脚穿鞋会对脚部产生不好的影响，如变形、起茧或起水泡等。在初春或晚秋季节，还是尽量避免如此"裸露"的穿着方式，该保暖的时候还是得乖乖穿上袜子哦！

◈ 条纹T恤搭配

条纹服装主要可分为两种样式，一种为横条纹样式，另一种为竖条纹样式。

横条纹的衣服能让你的上半身看上去修长而纤细，同时长款的横条纹T恤能起到显瘦作用，并且蓝白双色向经典的海魂衫致敬，加上粗条纹式的不规则拼接，可以很好地呈现出一种朝气活泼的视觉感受。

肩部别致的雪纺装饰设计是经过改良的水手服板型。它既能保留一种学院的小清新风，又给造型增添了几分创意感，可随意交叉垂于胸前，也可以折叠成蝴蝶结的形状，总之充分发挥你的想象力去打造它，颇显少女心，也特别"减龄"。

在包包的选择上，搭配可爱风格且能呼应衣服颜色的双肩包就可以了。相比斜挎包或者手拿包而言，这种包包更显学生气息，整体给人一种朝气十足的感觉，无论是日常休闲、运动还是旅游都很不错哦！

针对竖条纹T恤的穿搭来说，选择一条印花类且设计比较搞怪的长款T恤貌似不错，这样即刻显出你的与众不同。搞怪的背带裤图案巧妙地呈现出假两件的视觉感，这样一件衣服就解决了整套穿搭所带来的费时和麻烦；为了凸显俏皮感，可以在头上戴上一顶鸭舌棒球帽，这样在防晒遮阳的同时，又为造型本身增添了几分帅酷之感。

3.2.2 活力卫衣搭配

说到卫衣，其最早是指在冷库工作的人员穿着的一种特殊制服，后来渐渐演变成嘻哈且显叛逆风格的服饰标识，进而到如今市面上常见的服装种类。

卫衣因其简约舒适和运动百搭的特点，成为春秋类服装里占有重要地位的时尚单品，广受年轻人的青睐和喜爱。

在卫衣的搭配上，无论是将长款卫衣直接当作裙装单穿，还是短款卫衣搭配热裤、牛仔裤，或者深秋时节在卫衣外面罩上一件薄棉袄等，看似基本的款型，却能变化无穷。

连衣裙卫衣搭配

基本运动款的连衣裙卫衣可以搭配棒球帽，偏嘻哈运动风。连衣裙样式类似"假两件"，省去了上下衣分开穿着的烦恼，这时候只需再穿上一条防走光的打底裤即可。荷叶边下摆在中性风里面又融入一丝少女的柔情，为整体造型增添几分可爱之感。

如果卫衣的颜色偏浅，那么搭配的单品可以选择出挑的撞色，给整体装扮锦上添花。比如，搭配带有粉色元素的帽子与太阳镜，包包可以选择同色系的旅行专用款，方便肩背，且容量充裕，既实用又美观。

◈ 套头卫衣搭配

进入深秋，天气一天比一天冷，卫衣也更加成了时尚人士的穿搭必需品，即便是简单地与裤装相配，也足以显现你的青春与活力。

为了保暖，这里我们可以选择加厚的卫衣，手感摸上去就像轻薄的羽绒服一般，但是表面还是以抓绒设计为主的，所以视觉上并不会给人很臃肿的感觉。若是长款类型的卫衣，则更为保暖，如此能够有效遮盖腰部和臀部的赘肉，下装只要备上一条紧身打底裤就可以了，呈现上宽下窄的效果，特别显瘦。

棒球帽是卫衣的最佳搭档，若是带有字母绣花则更为亮眼，又与卫衣上的图案相呼应，颜色上尽量统一，这样就不用担心发型会被冷风吹乱，即便普通的披头也有帽子作为修饰，简直是懒人搭配的上佳之选。

包包结合整体着装的配色，选择红色、黑色、白色都较相称。鞋子建议选择百搭且不会出错的乐福鞋或松糕鞋，穿着休闲舒适，又不失时尚。

有时候，卫衣其实就好比加厚版的T恤，同样有许许多多的穿法。可单穿，也可作为打底，还可以搭配上马甲、棉衣等，既美观又保暖，并且许多卫衣的颜色都较鲜艳，因此也是改善气色的法宝。

进入秋冬季节，卫衣搭配羽绒马甲成了年轻人非常喜欢的穿衣组合，如此既不会像穿了羽绒服那样臃肿不堪，又能保暖，自由呈现的视觉撞色拼接往往会显得特别有冲击力。

如今，最受欢迎的卫衣颜色是亮色系，并且以荧光为主，同时相对保守的亮橙色、果绿色及淡粉色的卫衣更是深受年轻女性的青睐。与这些颜色的卫衣搭配时，马甲选择深色系为佳，这样可以形成鲜明对比，以衬托卫衣的主色调，同时也易衬托出好气色。另外糖果色很容易给人以温暖甜美的印象。

◈ 热裤卫衣搭配

卫衣与热裤的搭配组合非常适合在春末夏初与夏末秋初换季时节穿着，这种搭配使两个季节的交替感在你的身上得到完美体现。此时，带有一些厚卫衣能起到保暖的作用，而与之形成鲜明对比的超短热裤则还在留恋夏日的激情。当厚重与轻快形成视觉反差时，会使下半身显瘦许多。

在颜色的选择上，不妨尝试一下流行的柿子橙色，在初秋非常应景，让你充满丰收的喜悦，精气神十足。蓝色与橙色为互补色，对比强烈，极富画面感，所以下装选择蓝色牛仔质地的短裤绝不会出错！

不过，在爱美的同时也要注意保暖，展露纤细双腿时别忘了穿上浅色的丝袜，在没有把握的前提下应尽量避开性感而又显瘦的黑色丝袜，否则会大大降低你整体搭配的品位，得不偿失。

3.2.3 秋冬中长款毛衣搭配

　　一旦进入秋冬时节，稍微偏胖的女性往往会比较烦恼，下装太少嫌冷，但过多又显腿粗，这时候应该怎么办呢？

　　这时候，我们可以入手几件中长款的毛衣，颜色上主推深色系，毛衣可以单穿，必要时也可添加外套，下装直接选择一条紧身的打底裤便可。这样既能起到保暖的作用，又能达到尽可能显瘦的效果。

◈ 黑白灰经典色毛衣搭配

　　针对黑白灰经典色的毛衣搭配来说，All Black可谓最合适不过的穿法了，即全身都是黑色单品组成的搭配。目前此种搭配深受超模、演员、名流们的青睐，经典的黑色能凸显强大的气场，在视觉上也非常显瘦。

　　在肃杀的秋冬季节，如何才能将黑色毛衣穿出活力来呢？我们在选购长款毛衣的时候，可以留意其是否有独特的制作工艺或点缀设计，如不规则拼接，袖子与主体的花色不同，以及别致的领口等元素，而这些小细节会在视觉上给人带来不小的张力。

　　在选购时，建议选择下摆宽松的毛衣，且长度大至大腿处即可，如此既能轻松遮掩小肚腩，又能将臀部过多的赘肉藏起来。而超过膝盖长度的毛衣，则推荐身材高挑的女性穿着，不建议小个子女性穿着，否则容易显矮。

在包包的选择上，如果是微胖的女性，推荐大款的，如此能有效地和手臂形成反差，使得上半身更显瘦；而对于娇柔小巧的女性来说，精致的手拿小包可谓不错的选择。

除了黑白双色，灰色也是秋冬时节最常出现的颜色之一，尤其是在韩系的服饰当中，其外套、毛衣、披肩及手套等无不钟情于灰色。灰色的毛衣装束不仅容易让造型显得洋气，还带有几分休闲感，在黑白双色中进行调和，给人一种既不肃杀也不显轻浮的视觉感。

如果想要搭配通勤的长款大衣，连衣裙板型的毛衣不失为最佳伴侣，再加上一双过膝靴，分分钟打造出"高海拔"女神。同时，为了给整体造型增添几分复古感，配饰上可选择羊呢礼帽和简约的通勤手包，作为修饰。

◈ 宽松条纹针织衫搭配

如今，大码女装在服装市场中占有不小的比重，除了适合较标准体重且稍丰满的人穿着之外，其实同样也适合苗条的女性穿着，因为其宽松的质感能与你原本曼妙的身材形成鲜明对比，从而使人更加显瘦。

在搭配时，我们不妨选择蝙蝠袖板型的大码毛衣。在许多日系杂志上都有类似的款型搭配，不仅能遮掩粗臂，还能掩盖小肚腩，而横条纹的惹眼元素能够有效地分散人们的注意力，从而起到显瘦的作用。

为了营造上宽下窄的视觉差，下装建议穿紧身裤或者连体裙裤。黑色的打底裤或连体裙往往比浅色的更显瘦，且更显成熟，大家可以根据自己的年龄和通勤需要来选择色彩。

浅色的针织衫搭配比较适合轻熟女们穿着，带着一丝学生气息。肉粉色、水粉晶色及卡其色的都可以尝试，其色调偏暖，折射到脸部的光线可有效改善气色。不过肤色较深较暗黄的人要慎重尝试，否则很容易突出你肤色不透亮的缺点。

◈ 活力长款毛衣街头搭配

韩系街头风搭配深受欧美街头范儿的影响，同时再结合亚洲人的特点，比起欧美范儿的硬朗，韩系街头风搭配在帅气中又多了分可爱与童趣。

除了宽松肥大的短毛衣，长款男友风的毛衣裙也深受女性的喜欢。它既适当地保留了女性该有的女人味儿，又可以尽情地和酷酷的牛仔下装相搭配，看似连衣裙，却又和连衣裙有着截然不同的视觉感。

此类毛衣通常以直筒板型为主，三围几乎都是同样的宽度，能够有效掩盖三围上局部肥胖的部位，同时也适当削弱了太过女性化的特征，让你显得更加中性而有活力。

为了在选购和具体穿着的时候避免撞衫，可以在网购平台上搜索关键词"不规则下摆""开衩下摆""不规则领口""设计款"等，尤其是以下摆开衩或前后长短不等的为佳。在你将其当作通勤装穿着的时候，还能为沉闷的工作氛围带来一些时尚气息与动感。

这样的装扮如果让你感到过于中性，可以选择一顶可爱的帽子、一副复古的平光镜或一个学院派的双肩包，立刻就能显出你俏皮、可爱的气息，让你变身甜美街头少女。如果毛衣颜色较深，不妨尝试颜色较浅的包包，而目前流行的包包颜色便是宁静蓝色和粉绿色。

3.3 日系森女风服装搭配

森女们喜欢简单惬意的装扮，她们往往不盲目地追求名牌，却喜欢偏舒适或者偏民族风的服饰，仿佛从森林中走出来，清丽、自然而纯粹。

3.3.1 中长裙遮粗腿的搭配

在森女风的搭配中，半身长裙是极为常见的，棉麻类的舒适面料给人透气的感觉，并且拒绝紧身，宽大随意是森女们的最爱。深色的半裙不仅能遮盖粗腿，同时还能将皮肤衬托得更加白皙。

帆布包、购物袋是森女们非常青睐的搭配单品，大容量可以装下很多日常用品，其简约的设计感则呼应了返璞归真的生活理念，整体给人的感觉非常环保、低碳，同时又不失时尚。

上衣可以选择黑白纯色的T恤衫，材质的选择可以根据自身的喜好来定，纯棉、棉麻混纺的都可以。如果是矮个子女生，则可以将上衣的下摆塞进裙子里，提高腰际线；高个子女生可以随意发挥，慵懒地将上衣的下摆堆在腰间便可。

　　对于森女们来说，她们既可以素面朝天，也可以淡妆示人，但往往拒绝浓妆艳抹。在发型上通常以清爽的丸子头、双马尾及半披发为主，目的是尽量保持整体搭配清爽与素净。

　　若是选择百褶款型的半裙搭配，能有效地遮盖大腿及臀部的赘肉，不会像包臀裙那样对身材要求那么高，脂肪稍多就暴露无余。同时建议选择顺滑的面料，这样裙子的整体垂感良好，走起路来轻盈而飘逸。

　　在包包的选择上，建议选择素雅复古的款式，并且以咖啡色为主。咖啡色淡雅而内敛，与森女简简单单的整体搭配相呼应，能极大地凸显出低调而恬静的气质，同时又增加了学院派的年代感。

　　在夏季，搭配的鞋子可以选择木屐板型的夹脚凉拖；而若是秋冬季，则建议以经典的小圆头浅口皮鞋为主，并配以白色棉袜，显得清新而可爱。

3.3.2 超短裙显腿长的搭配

超短裙可谓日系学院派颇具代表性的热门单品之一，其可爱的百褶设计极能凸显青春与活力，并且也更加考验女孩子们的身材，因为如此的穿着很容易让你的美腿展露无余哦！

超短裙还是百搭的下装，其样式与紧身背心非常相称，整体穿着呈上窄下宽的形态。同时，超短裙也与慵懒感的毛衣、棒球服及水手风格的校服相匹配，能营造出上宽下窄的蓬松效果。

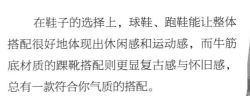

在鞋子的选择上，球鞋、跑鞋能让整体搭配很好地体现出休闲感和运动感，而牛筋底材质的踝靴搭配则更显复古感与怀旧感，总有一款符合你气质的搭配。

此外，复古的相机装饰也可以成为街头造型的点睛之笔，能够替代精致小巧的学院风斜挎包。

如果你因为秋天忽冷忽热而犯愁，不知道该如何搭配，穿上一条超短百褶裙一定不会出错。如果是在深秋，与一条保暖打底裤搭配即可。

3.4 日系洛丽塔风服装搭配

"洛丽塔"为舶来词，后来这种风格深受日本年轻女性的追捧，并且被演绎为一种独特的穿衣风格。其中最具代表性的便是"女仆装"了，但日本人在生活中的那些制服类的女仆装又未免太过夸张。接下来，我们将为大家介绍一些适合日常通勤穿着的洛丽塔风格服装搭配。

相比韩系的减龄风格，日系洛丽塔风格更加偏向于理想化，就如现在许多90后甚至式00后所追捧的漫画二次元的世界一样，甜美之余还带有一些夸张的梦幻感。

3.4.1 甜美娃娃衫搭配

对于洛丽塔风格的服装搭配来说，肥大的娃娃衫和带有层叠荷叶边的雪纺衫等是深受年轻人青睐的款型。因为其独特的下摆样式不挑身材，甚至连孕妇都能穿，所以既可以归为大码类服装，又能让身材苗条一族展现出强烈的视觉对比，简直是夏季衣橱必备的单品啊！

在炎热的夏天，我们能够让性感与可爱并存，选择背带露肩的款式，露出你美美的锁骨，真是让人垂涎。服装的颜色尽量挑选马卡龙色系的，非常淡雅，如同冰激凌般给人以清风拂面的凉爽视觉感，同时小格子元素也极容易凸显学院派的复古情怀。

下装建议选择浅灰色或是白色的打底裤，且紧身的最佳，如此可完成上宽下窄的"心机"搭配效果，尽情地秀出你修长的美腿。裤子上的元素如果能够呼应上衣的则更佳。

在包包的选择上，建议与娃娃衫颜色相统一，这里选择蓝色即可，如此再来上一双镂空凉鞋，真是集清爽、可爱、显瘦和"减龄"于一身呢！

3.4.2 雪纺衫层叠搭配

日系的层叠雪纺衫搭配很受喜欢小清新的人的青睐，它如同蛋糕胚的下摆有微微的蓬松感，带有一些可爱的味道，能够有效地遮盖小肚腩。长款的雪纺衫还能适当遮掩住臀部的赘肉，看似松垮实则大方、美观。

通常，这类服饰在内搭上以吊带背心为主，下穿一条时髦热裤。这里我们选择了短款的背心雪纺衫作为内搭，外加一件长款的雪纺衫外套，与性感的热裤搭配更能使修长的美腿展露无余哦！

建议包包与衣服的主体颜色相呼应。如果想来点不一样的感觉，可以根据衣服上的元素的颜色来选择包包，使其与衣服主体的颜色形成鲜明的对比，作为独特的点缀与修饰；在款式上，建议选择复古做旧风格的斜挂肩背小包，显得既小巧又精致，还可以适当"减龄"，且带有一些文艺风格。

3.4.3 秋冬可爱毛衣搭配

◈ 粉嫩防温差搭配

秋初，这时候的天气总是变幻无常，因此可以将夏秋两季的服饰拿来进行混搭，既保暖又不失美观，而目前非常流行的便是针织开衫与连衣裙的组合了。

对于内搭连衣裙的挑选，可以在网上搜索关键词"长袖连衣裙""波点""碎花""学院""日系""清新""手工""设计""原创""森女""洛丽塔"等，然后根据需要进行筛选和购买。

为了凸显日系清新的风格，面料应尽量往纯棉、棉麻上靠拢，如此能给人质朴和平易近人的感觉。颜色则以暖色调为主，尤其推荐流行的粉色系，甜甜的如棒棒糖一般，极显俏皮与可爱。

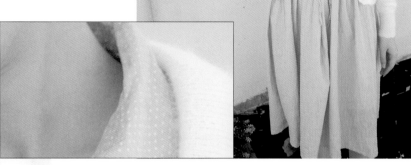

粉色对于身形高挑的欧美人来说不难驾驭，而对于肤色偏黄且相对矮小的亚洲人来说，有时候搭配不当则会显得有些庸俗。为了避免这种尴尬，我们可以挑选白色的单品来与之搭配，白色的圣洁与高贵感可以很好地显示出你不俗的品位。

在上一章节，我们提到过白色具有膨胀的效果，这种强烈的光感势必会将人的视线从大面积的粉色转移到白色的单品上，从而削弱粉色的主视觉效果。

我们掌握了内短外长的服饰组合搭配技巧，那么现在我们将其反过来搭配，也同样奏效。外短内长的组合式搭配多见于日系和精致小资名媛风，它不同于欧美范儿的大衣外套搭配，短上衣的搭配更能凸显你的小巧与可爱，并且尽量将上衣的衣长控制在高腰处，使得身高比例能够重新分配，这样就再也不用害怕因身高的劣势而不能驾驭粉色服装了。

针对开衫，上一章节我们提到了马海毛纤维的开衫，而这里我们推荐兔毛制品，它的特点是重量较轻，保暖性能好，且手感较柔软、顺滑。同时，网络上热搜的面料关键词为"安哥拉兔毛"，一般和人造纤维混纺，根据成分比重的不同，售价100元起，200元~400元则最为常见。

兔毛制品有个小缺点，想必购买过的网友都有所了解，那就是容易掉毛，且掉得到处都是，很难打理，所以在穿着和收纳的时候都要格外小心。

在鞋子的选择上，若换成秋季的踝靴会显得太过厚重，其实凉鞋并不用那么快就收起来，可以用来搭配。颜色尽量与整体搭配相统一，偏肉色、粉色或者白色均可。实在怕凉的话不妨入手一双怎么穿都不会出错的白球鞋，这也是不错的选择。

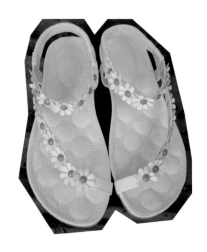

◈ 娃娃衫毛衣搭配

同样是娃娃衫的板型，运用到秋冬的毛衣中，在萧瑟的季节中瞬间有了暖意，看似"臃肿"的设计，实则更多的是凸显俏皮与可爱。并且，其宽松的下摆能够有效遮盖微凸的肚腩，从而起到显瘦的作用。

在颜色上建议选择浅色系，肃杀的冬天要给人以暖意，所以米白色、粉色及橘色等都是不错的选择，大家根据自己的喜好和实际情况来定。

若在毛衣上还有一些别致的装饰物，可以对整体搭配起到锦上添花的作用。如星星、圆球、花朵及卡通形象等，这些元素都是增添童趣的法宝，分分钟帮助你实现"减龄"的目的。

下装建议选择学院派百褶裙，其颜色建议选择深色，如此能给亮色的上衣做好适当的陪衬，且呈现上宽下窄的视觉效果，非常显瘦。

在粉色流行的时候，衣橱里必定要有这么一件单品，在你气血不足的时候穿上它，一秒即可改善气色，仿佛自带暖肤效果的滤镜功能一般，将你的脸部映衬得如桃花般粉嫩。

包包可以搭配较为亮眼的同色系斜挎包，既让整体造型有了渐变效果，又不乏层次感。

3.5 日系原宿风服装搭配

如果说美国街头文化的代表的是嘻哈元素，那么日本街头文化的代表则是原宿风格了。原宿，为日本东京都涩谷区的一个地区名字，而以它命名的艺术风格则与色彩斑斓为伍，常见的有渐变色的头发与撞色的服装。

日常通勤时，如果发色太过夸张则有点与工作环境不符，因此除非你的工作与造型、美容及设计等文化艺术领域相关，还是要对纯正的原宿风进行改良，将其变成平时都能穿着又不会显得怪异的搭配设计为宜。

在原宿风搭配中，最著名的色彩非绿色、粉色、黑色、紫色与渐变撞色莫属，我们可以将这些色彩融合在一起，让它们和谐相处。

进入秋冬季节，针织毛衣可谓热门的选购单品，既可以单穿又能够作为打底。为了单穿的时候比较好看，我们可以在平时选择颜色亮丽并且带有独特设计感的服装，如不规则下摆、前短后长、后短前长或左右倾斜不对称等，颜色不宜选择单色，建议以撞色为佳，如绿色与豆沙色，如果服装上有卡通图案则更好。

下装建议选择颜色比较亮的牛仔裤，破洞、猫爪抓痕做旧工艺的尤其推荐，如此能突出你个性的一面。不想染发也没有关系，毛线帽子能成为你的得力助手，既省去造型的时间，又能起到点睛的作用。帽子具体颜色建议与上衣色系相同，如毛衣颜色为豆沙色，那么帽子也可以选择此种颜色，若帽子顶部带有五彩的装饰毛球，则更为整体造型增添几分俏皮感，仿佛是马戏团的小丑装扮，又不失时尚、美观，特别逗趣。

对于帽子的佩戴方法，建议让它直立于头顶，这样不仅能拔高整体的身高，让你显得更有精气神，同时还能让人觉得即便是寒冷的冬天，也能戴出形来，这样更能表现你的与众不同哦！

鞋子的色彩与上衣的要相呼应，带保暖设计的更佳，如此整体穿着不仅有个性，防寒工作也更到位，谁说美丽一定要"冻"人呢？

如果你觉得如此撞色难以驾驭，不如将毛衣的颜色与帽子相统一。灰色是秋冬季不太会出错的颜色，介于黑白色之间，既不会太过"傻白甜"，也不会太过沉闷，且长款的毛衣还可以当作连衣裙穿。

不过，这里需要强调的一点是，这样的搭配适合身材比较高挑的女性，下半身可以直接选择过膝靴，筒高越接近大腿越佳，这样就不至于在视觉上产生截断双腿的效果，使长靴与毛衣融为一体，整体搭配的流畅性也更高。

此外，不妨选择一副咖啡色的手套，咖啡色易给人温暖和沉稳的感觉，因此非常适合在冬日佩戴。

3.6 英伦学院风服装搭配

3.6.1 英伦学院风衬衫搭配

说起英伦学院风，人们的第一印象可能便是格子元素。格子衬衫是喜欢学院派搭配风格一族人手必备的单品，可以说是千变万化的穿搭中永远不会落伍的服装之一。

或单穿，或打底，或当外套，多种穿搭组合随意调换，格子衬衫总有其发挥长处的一席之地。这里推荐一款格子衬衫与裙装的层叠搭配：尖领格子衬衫颇显英气，与高腰百褶皮裙相衬，皮裙穿在高腰位置，拉长了下半身，并且其质感让整体搭配显得稳重。在天气并不算冷的时候，这样的穿法很出挑。

天气转凉，我们可以选购一件长款的针织毛衣开衫作为外套，其长度与半身裙齐平即可。颜色上选择与内搭格子衬衫不同的，如红褐色的格子衬衫与白色的外套进行搭配，这样能够凸显内搭的亮丽色彩。

开衫的穿法往往让人显得非常慵懒而惬意，沐浴在秋日午后的暖暖阳光中真的很应景。单肩小背包和牛津鞋是比较推荐的点缀单品，总之要以精致、合适为宜。

3.6.2 英伦学院风格纹搭配

格纹元素在服装穿搭中可谓经久不衰，尤其在秋冬时节，它成了复古时尚不可或缺的设计灵感。

在英伦学院风服装搭配中，在衬衫、大衣、裤装、裙装、领带等各种单品中，都能见到格纹元素的影子。而其中深受学院派青睐的还是各式各样的百褶半身裙，这种半身裙穿起来既保暖又显淑女范儿，既有质感又不失时尚，与丝袜、打底裤搭配为最佳选择。

黑白双色搭配可谓永恒的经典，由它们所组成的格纹图案往往颇具视觉感，几何线条的交错仿佛让人误入了二维空间的迷宫中，隐约中给你带来一丝神秘感。

高腰设计能够重新分配上下身的比例，我们可以将衬衫塞进裙子里，以凸显曼妙纤细的腰部。而压力袜打底裤则能够重塑腿部的线条，使得腿部肌肉更紧实，也更显瘦。

这时，如果能够穿上平底鞋，则为你的整体造型锦上添花。尤其是尖头板型的平底鞋，它仿佛将腿部的长度延伸到了足尖，这样既显高，走路又不会累，真是一举两得。

如果你觉得整体搭配太过古典、英气，可以在配饰上下点工夫。同色系的太阳镜、帽子和双肩包能起到点睛的作用，因为它们带有金属质感的铆钉风格，瞬间就给整套穿搭注入朋克风，让你在尽情展现英伦柔情的同时，又不失活力与趣味性。

在初秋时节，如果感到这样的搭配仍旧有点小凉意，那不如将打底的套头毛衣作为外套。这里我们比较推荐的还是宽松或蝙蝠袖板型的套头毛衣，这类毛衣能够有效地"藏肉"，并且低圆领的设计与内搭尖领衬衫很能凸显出层次感。这样，露出针织半身裙的下摆就好似美人鱼的尾巴，极其凸显你俏皮的本色。

3.6.3 针织工艺

　　以上搭配提到了针织半身裙，而针织这个词，想必只要有过网购服装经历的人都会有所了解，但多数人又会浅显地将针织理解为制作毛衣的面料，甚至把它当成了"毛衫"的代名词，实际并非如此。

　　针织是一种服装面料工艺的简称，通过针织把不同原料与品种的纱线构成线圈，再经过串套连接形成针织物品。不仅是毛线制品采用针织工艺，目前，许多夏装T恤也采用了针织法，所以针织不等于毛衣。

　　网购的针织服装基本都是机器织的，纯手工的店铺也有，通常支持定制，大多数不支持七天无理由退货。定制时一般需由消费者提供样图，或与卖家协商沟通，同时为卖家提供三围尺寸、颜色及板型等数据。手工针织服装制作起来耗时费力，产出较低，价格相对同等面料的机器织造品要高出很多。

　　由针织工艺制成的服装具有较好的弹性，所以在网购服装的时候，它通常以均码居多，基本适合普通身材的女性。针织服装具有良好的延展性，基本可以拉伸5cm~10cm，一些高密度、高回弹性能的纱线针织服装在拉伸后很容易恢复到原形。并且针织品手感柔软，亲肤透气，又比较抗皱。

　　针织物的缺点在于较容易勾丝，较容易脱散、卷边，而这些问题在好的设计师手里都可以得到解决，并且还能利用这些特点设计出别致的花纹或分割线。所以，我们在选择针织产品的时候可仔细阅读详情页，如特别突出设计师灵感与经验的，可优先购买，如此便能够大大降低撞衫的可能，并且品质也相对更有保证。

3.7 面料制作工艺等辨识技巧

小清新类服装的亲肤性往往不亚于居家服饰，让人一眼就能够感受到返璞归真的气息，仿佛见到你就能联想到美妙的大自然。因此，许多服装设计师喜欢采用棉、麻、莫代尔或这些成分混纺的面料制作衣服，如此更加迎合舒适、透气、垂感及环保理念。

在秋冬毛衣制作当中，小清新服装往往以别致的织法区别于千篇一律的工装制品，容易带给人慵懒、闲适、温暖且文艺复古的感觉。

3.7.1 棉、麻、莫代尔

◈ 棉

纯棉

棉纤维是纺织工业的重要原料，它属多孔性物质，所以吸水性能很好。这也就是在网店的宝贝详情页中，卖家推荐纯棉质地服装的优点常常会提到它的吸汗、吸湿功能良好的原因。

纯棉是指棉含量在75%以上的制品，广泛应用于家居用品中，也是制作服装常用的面料。因其种类的不同，可将其分为本色白布、色布、花布及色织布。

纯棉制品对于制作服装来说有许多的优点，除了上面提到的吸湿性好以外，其保温与耐热性也非常好，并且洗涤和印染也较其他面料更方便。含棉量越高的服装，其中天然纤维成分越多，同时这样的服装更环保，亲肤性更强，适合贴身穿着，不会影响健康。

除了经由特殊工艺处理的纯棉制品，通常市面上的纯棉制品容易缩水，所以我们在网购时可选大半码或者一码的服装，以免其下水后变小而影响穿着。纯棉类的衣服若经反复洗涤或暴晒则很容易变形，严重的甚至会失去原本的轮廓。

不过，纯棉制品也有不足之处，经折叠后特别容易起皱，并且粘毛沾灰情况很难避免，尤其是黑色的纯棉服装，沾上灰尘后往往会非常显旧。

TIPS

对于纯棉类的衣服，除了要注意以上几点，还要避免接触酸性物质。如果吃饭时不小心将食醋滴落到棉质衣物上，记得要立刻清洗，否则将很难去除。

在清洗棉质服装的时候，如果衣服非一体花布，上面的印花是胶质的，我们需要轻柔地处理这块区域，不要用大力揉搓，否则多次水洗后印花很容易洗掉，还容易粘在衣服的其他部位，这样既显脏又显旧。

涤棉与棉涤

涤棉在20世纪末颇受人们欢迎，俗称"的确良"。

涤棉是聚酯纤维与棉混纺的产物，混纺的目的是充分结合两者的优点，在成分比例上进行调整，摒弃前者的不透气与后者的掉色、缩水问题，使得这种面料制成的服装着色更艳丽，更方便清洗，不易起球，而且仍旧具有超强的亲肤体验。

而我们所说的涤棉与棉涤，之所以叫法不同，是因为它们各自的原料比例有所不同。在这两种面料当中，涤棉的用料以涤纶居多，而棉涤的用料以棉居多，我们可以根据穿着的需要进行选择。

◈ 麻

　　和棉纤维一样，麻纤维也是从天然麻类植物里提取的纤维，它的优点在于透气、吸湿、挺括、防霉及少静电等，特别适合有体臭问题的人穿着。麻的种类众多，在网销平台非常受欢迎的为亚麻面料，常见于原创设计的民族风店铺。

　　麻纤维的好处多多，可谓享誉盛名，但是缺点在于虽然透气、排汗和排臭效果较为理想，但却很容易对皮肤造成刺痒感，因而亲肤性较差。

　　为了解决以上这个问题，与麻混纺而成的面料开始进入市场，这也是我们目前网购中非常常见的混纺面料棉麻。

　　棉麻服装既保持了服装外表那种贴近大自然的粗犷，又融入了棉的亲肤柔和的特点，多运用于夏季服装中，深受喜欢文艺风格的人喜爱。穿着时会感到身体轻盈，即便出汗后，衣服也不会紧贴皮肤，能够继续保持清爽透气的感觉。

　　纯天然棉麻纤维混纺的连衣裙的网络均价200元。针对此类服装，往往一些自主品牌影响力较大，手工制作或者支持量身定做的店铺会更贵一些。提供私人订制服务的纯亚麻面料设计款服装，网络的售价则千元起。

◈ 莫代尔

　　随着时代的发展，原料的种类越来越多，其中以从灌木类植物制成的木浆，后经由纺丝工艺制作而成的人造纤维莫代尔最受欢迎，它与棉纤维一样属纤维素纤维。如今它广泛运用在居家服装和贴身内衣的制作上，并且较75%以上的纯棉来得更为纯正，完全由天然原料制成。

莫代尔的优点是弹性好且颇具垂感，光泽度佳，在光线下观察，产生的褶皱会凸显丝绸般华丽的视觉感。它易于染色，色牢度也不错，并且手感比纯棉制品更柔软，同样兼有良好的吸湿性能。

其缺点是挺括性较差，所以纯莫代尔服装常见于贴身衣物。但它与其他原料混纺便可解决此问题，只要调配比例得当，也可用于外套上衣等的制作，既保持了挺括的板型，又不失鲜亮、垂感及极强的亲肤性。

莫代尔制品能够保持染色鲜艳，经过反复水洗后也不太会造成褪色的情况。

3.7.2 针织毛衣与抓绒工艺

⬡ 针织毛衣

毛衣可谓秋冬网购服装里的热搜词，根据板型的不同，它既可以作为打底，又能够单穿，还能够当作外套，被称为百搭单品也是当之无愧的。

毛衣又分为手工和机器编织两种，毛线的分类也是多种多样的，结合编织工艺的不同，价格也有所区别。

目前，网购较为火爆的大众平价毛衣通常使用由腈纶、锦纶及涤纶制作而成的毛线，其中腈纶和涤纶占比较多，涤纶我们在前面已经提到过它的优劣之处，这里不再赘述。

腈纶纤维

腈纶全称为聚丙烯腈纤维，素有人造羊毛的说法。它的优点在于手感较软，不怕虫蛀（易于存储），保暖性佳，较易染色，且蓬松感强，其缺点在于纯腈纶毛线织品亲肤性较差，直接贴身穿着可能会有刺痒感。

针对由腈纶纤维制成的毛衣，在穿着前请先阅读其成分标，上面会有注明B类（可直接接触皮肤）或C类（非直接接触皮肤）的标识，这样就方便我们区分其是用来打底还是作为外穿。

纯腈纶面料容易产生静电，从而导致毛衣起球，所以在穿着的时候需要注意，不要与同样易产生静电的面料组合穿着，且穿脱要轻柔。

纯腈纶毛线毛衣的价格一般比其他毛衣价格低一些，但经过特殊工艺处理的腈纶服装除外。这些毛衣不易起球，但价格较高。纯涤纶面料的毛衣不建议贴身穿着，因为亲肤性不佳，但作为外套还是不错的选择。由于其价格较实惠，很适合学生族选购。

追求耐穿性，并且希望起球概率小一些的网购人群，推荐选购人造纤维与羊毛混纺的毛衣。羊毛含量越高的毛衣，价格也会随之增高。

羊毛纤维

羊毛是非常重要的纺织原料，由其制作而成的纺织品涵盖了众多领域。出自绵羊身上的毛称为羊毛，羊绒则出自山羊身上，取自粗毛根部的一层薄薄的细绒，且羊绒还有"软黄金"的美誉。

含羊毛成分较高或纯羊毛制品较混纺人造纤维而言，手感要柔软许多，保暖性能佳，亲肤性良好，其质感是低价人造产品所不能比拟的，因而对于喜欢追求品质和舒适亲肤度的网购人群来说，羊毛纤维的毛线制品是不错的选择。

我们在网上搜索和购买毛衣的时候，除了可以搜索关键词XX板型之外，还可以连带面料成分进行搜索，如纯羊毛、羊绒上衣及马海毛开衫等，这样便能将我们想要购买的产品更好地区分开。毕竟网购不能像实体购物那样一摸二闻三看，所以通过关键词筛选还是能够起到一定的"过滤"作用。

此外，羊毛多产于南半球，如澳大利亚、新西兰等。我国与俄罗斯也是羊毛生产的大国，如果你比较钟情于特定国家出产的羊毛制品，那么在网购的时候也可直接搜索相关产地的关键词。

毛衣的清洗与保养

针对毛线制品来说，除了对毛衣面料的了解及网购时需要查看面料成分以外，我们还需要懂得如何保养与收纳。若在相关商品的详情页面里，没有提到宝贝适合水洗还是干洗，以及能否暴晒等，建议务必在下单前咨询客服，这样也方便入手后知道如何打理。对于毛衣制品，有不少"懒人"一族都爱用机洗，如果不事先咨询清楚相关细节，买回去后只能够手洗或干洗的衣物就要"遭殃"了。

手工粗针棒织的款式更适合做罩衫、开衫外套，因其织法而展现一种松垮的感觉，宽松舒适，有别于细密针型织机制作的轻薄保暖内搭款毛衣。在此类毛衣中，以蝙蝠袖板型最受大众的青睐，大码遮肉且不挑身材，带有浓重的复古意味。

✦ 抓绒工艺

抓绒工艺的原理是利用聚酯材料制成的堆积织物，通过加工工艺让面料产生比较短的绒。

大家对抓绒卫衣一定耳熟能详，从视觉上观察，它们在内侧比平时穿的类似厚T恤款的卫衣多了一层绒面，并且很多冬天穿着的马甲、外套及打底裤内层也有抓绒设计，这样可以很好地起到保暖防风的作用。

抓绒工艺制成的服装大致分为保暖类和防风类两种。

保暖类抓绒服装多采用涤纶加工而成，涤纶的特性是洗涤后快干能力强，这也迎合了消费者平日里居家清洗衣物快捷方便的需求。此类抓绒较从前羊毛面料的抓绒制品有一定的优势，羊毛清洗不便，大多需要干洗，并且保养需要很细心，否则易损伤。

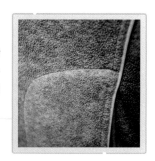

防风类抓绒服装经由厂商对面料的改善，提升了抓绒的密度，使其密不透风，或是加入其他特殊的防风材料，从而提高了其防风性能。这类产品较普通保暖抓绒制品要贵一些，通常运用于户外运动服装当中。比如，登山、秋冬需要步行或者骑自行车、电瓶车代步的人群，都可能会选择和购买此种服装当作外套，因其防风效果好，也不用再多穿衣服，并且耐脏、易清洗。

抓绒一般通过克重单位来计算其面料的厚度。克数越大衣服越重，保暖性能也就越佳。克重小的基本上会用于保暖内衣和春秋季的卫衣，克重大的基本运用于外套当中。

3.8 原创设计品牌的选择

从价格上来说，文艺清新款式的服装一般都以较为舒适的面料为主，透气亲肤性强的面料要比人造面料贵，居家体验感也更好一些，价格也会随之上升。如果再结合设计师的身价、品牌价值及运营成本等诸多因素，价格相差悬殊也是有可能的。

3.8.1 新生代设计师

目前，有些精品小店的店主自己就是设计师，大部分为在校或刚刚毕业的服装设计专业的大学生，他们常常会自己当模特对店里的衣服进行展示。

他们还可能利用课余或实习时间着手设计自成一派的服装，有些成熟店铺的衣服价格会贵一些，因为大多是交给裁缝去小批量制作，而非工厂大批量生产。这样耗时较长，量少但质优，小而美是他们的品牌定位。

此外，他们会将自己设计并制作好的成衣通过镜头光影展现在社交网络上，为店铺聚集人气。所以你可以下载一些手机图片社交应用，浏览特定行业的达人推荐或者进行关键词搜索，这样便能找到你需要的设计师的个人主页，对其进行关注即可。一般新品发布或预告都会通过图片提前告知，也方便大家对于喜欢的设计产品提前进行收藏或加入购物车。不少APP移动电商平台也实现了图片分享与购买直通的功能。

如果你希望上街不撞衫，手中略有盈余，且还想追求私人订制服务，那么新生代设计师的店铺可是非常合适的选择。

3.8.2 品牌签约设计师

一些较有经验的从业设计师往往会在平日收到不少商业合作的邀约，他们专注设计，而网络店铺运营往往是交由合作品牌方来打理，这样就能产出大批量且价格并不算高昂的原创设计作品。他们更新款式的速度也较快，相对于小众设计师的店铺而言，此类店铺的库存量会大很多。

有些店铺主打设计师款，每推出一个新系列就邀请一位风格不同于上一系列的设计师，明星也经常参与设计。这类产品主打的目的就是快消，品牌与设计师的影响力往往都非常大，因而在网上也较容易搜索到。

3.8.3 独立设计师

传统服装行业的独立设计师结合"互联网+"的趋势，在网络上开了自己的店铺，并且注册的商标多以自己的名字命名。他们一手包办了服装设计、品牌用户定位及营销策划等诸多方面的工作。与跟品牌方合作的设计师的不同之处在于，他们是整个品牌团队的核心及灵魂。

在上一个章节中我们提到"高街服饰"，而网络独立设计师的店铺则是将T台上的设计直接搬到了虚拟的平台上。当你在浏览宝贝详情页面的时候，仿佛看秀的嘉宾一般身临其境，并且在秀展示完毕之后能够将心仪的服装立刻收入囊中。

与普通的爆款设计服饰、鞋帽不同的是，独立设计师的品牌店铺有着浓烈的个人原创设计感，能更多地让消费者接触那些原来觉得遥不可及的概念化产品。与爆款服装可能引起千人一面的不同之处在于，每个买家穿着时能够结合他们自己的想法、气质及个性，让服饰重新展现不同的魔力。

设计师在设计服装的时候，如同孕育自己的孩子一般，从设计、选料到制作及拍摄都有着很高的审美要求及标准，所以上架开卖的价格不会很低。但是与传统奢侈品牌相比，它的价格还是颇具竞争力的，可以为其赋予一个近年来诞生的新概念——轻奢品。

TIPS

如何找到这些品牌店铺呢？

以淘宝网为例。打开淘宝网，在主页上选择"女装"类，单击"腔调———风格"分类，随后单击界面的第3项———分类设计师，此刻转到的页面便是独立设计师所开设的自主品牌店铺，大家根据自己的喜好和穿着习惯选择和购买即可。本例仅供参考，请根据具体的淘宝网界面进行操作。

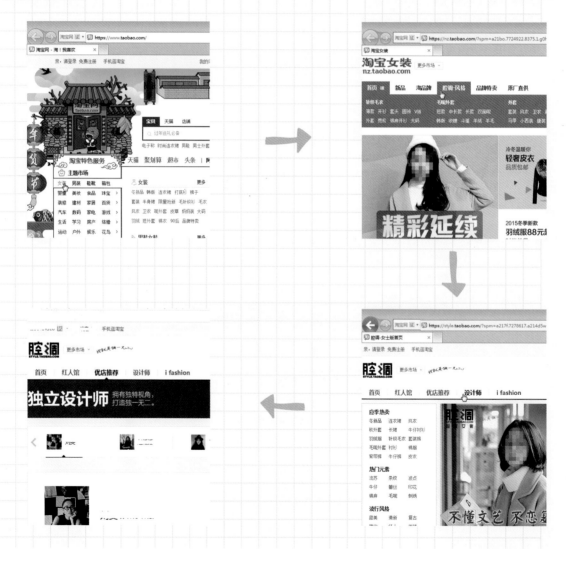

04

运动/居家风服装
搭配要点与选购指南

4.1 瑜伽、垂钓与居家风服装搭配

　　瑜伽运动在室内外进行都可以，穿着以舒适透气为主，配色上较为干净和简洁，给人一种大方利落的视觉感，并且能够透出年轻、健康的气质与体态。

　　居家服饰的穿着需求不同于通勤服饰的修身、职业感，居家服饰以宽松舒适为前提，在家穿着时能够让你的身体得到充分的放松，使起居更加方便。

4.1.1 室外瑜伽、垂钓服装搭配

◈ 瑜伽运动服装搭配

　　平时的女性在进行瑜伽运动时都会购买套装，以紧身、高腰、长袖的上衣与喇叭裤相配合，这类服装比较适合在室内练功房穿着。如果你是户外运动爱好者，喜欢在山清水秀的环境下或者体育场内锻炼，那么不妨试试短装的搭配，这样可以让你的肌肤尽情地感受大自然，同时也会让你在炎热的盛夏备感清凉与舒爽。

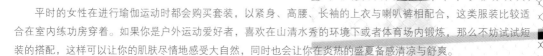

　　在短装搭配中，运动背心自然是必不可少的，应根据运动需求（这里主要指有氧或无氧运动）选择是否"减震"的背心。胸小的女性建议选择带胸垫的运动背心，这样既能有效防止走光，又能很好地凸显出胸形，此外也能起到一定的"减震"作用。

　　相对于紧身运动裤来说，带有裙裤下摆的款型更适合大多数女性。因为紧身运动裤对于人的臀部和大腿肌肉线条要求较高，若臀部和腿部的赘肉太多，穿着紧身运动裤会显得极不美观。而且穿紧身运动裤极易出汗，因此选择防走光设计的宽松裤则更为合适，既透气又排汗。这类服装常用氨纶汗布制作，其吸湿、弹性效果都较普通服装更好一些。

若是穿高腰的裙裤，在进行瑜伽运动的时候还能够有效遮盖腹部的赘肉，这样既保持了凉爽又聚拢了丹田之气，避免让寒气侵入体内。

裙裤类瑜伽套装往往上半身为短款背心，在选择背心时注意要提前测量自己的罩杯、胸围，毕竟属于贴身穿的衣物。此时可以选择尺码相近或者小半码的背心，这样有很好的压胸减震效果。

◈ 垂钓便服搭配

除了瑜伽，如今垂钓也是大受人们欢迎的一种休闲活动，目前有许多非常专业的垂钓爱好者。对于不是那么专业，只求调养身心的女性群体来说，垂钓时穿防晒、防风及防水性能较好的T恤、外套即可。渔夫帽是不折不扣的时尚搭配单品，即便不是在垂钓，仅仅用于通勤时面部防晒也可以拿来使用。

业余垂钓爱好者选择垂钓往往是为了陶冶情操，舒缓紧张的神经与肌肉等，所以在网购垂钓服饰的时候，不用考虑太多专业问题，如服装的颜色会不会反光到湖面惊扰鱼群等，而更多的应关注服装的舒适美观和防晒性、保暖性。

在选择垂钓服装时，可以统一一下所穿戴服饰、鞋帽的整体色系，这样的搭配是不会出错的。结合前面所学到的同色系渐变层次法则，明确并凸显出主次单品的地位，做到在视觉上的有效分工。

4.1.2 居家风格服装搭配

居家风格向来是以舒适为主的，尤其是夏季，我们选购的时候需要考虑衣服是否排汗透气，面料手感是否良好，以及亲肤程度是否到位等。切勿贪便宜而购买由劣质布料制成的贴身衣物，它非但不透气，还可能会引起皮肤瘙痒等问题，可谓得不偿失。

◈ 休闲透气搭配

　　此种搭配往往由纯棉、莫代尔及环保纤维制成的T恤为首。纯棉制成的衣服往往容易缩水、褪色，但是亲肤性最好，当睡衣穿着没有问题；莫代尔与黏胶纤维的弹性更好，面料质感也更加光洁亮丽，但不太适合机洗。

　　在板型的选择上，建议选择基本款型就好。如今流行宽松肥大板型和直筒板型，对于需要"遮肉"的人来说，选择流行宽松肥大板型是很不错的，并且也可以轻松打造男友风。

　　喜欢视觉上既有修身效果又能体现随意风格的人，建议选择直筒形的，这种服装对于腰部等局部肥胖的女性来说是福音。直筒板型的衣服胸围与腰围参数基本持平，因此能很好地将局部肥胖的地方遮盖起来。

　　在下装的选择上，应避免太过紧身的牛仔裤或工装裤，偏睡衣、运动风格的下装最佳，因为它们能够给你带来舒适、宽松的穿着体验，并且也容易给人一种休闲的味道。

　　此类装扮不建议将上衣完全塞进裤子里，只需要很随意地将上衣堆叠在腰间即可。别看那么一点小小的褶皱，却是遮肚腩的"心机"穿衣法则呢。

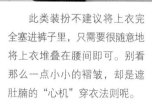

白色往往给人以干净的感觉，而黑色T恤则是显瘦的最佳选择。对于微胖体形的人来说，应尽量避开白色，以免在视觉上给人以"膨胀"的错觉。

当然，除了经典黑白双色之外，在燃情的夏日，我们可以尝试不同的色彩，红色的奔放、蓝色的柔情及明黄色的欢快等，都能带给我们愉悦的心情。同时，可根据个人穿着需求来选择面料，莫代尔、聚酯纤维、真丝及乔其纱等，都发挥着各自的长处，可以做到让运动风格与居家风格真正融为一体。

◈ 居家风搭配

夏季睡衣搭配

在夏季，人们往往会在户外穿居家服。它与长款T恤衫相似，只是在面料上稍有不同。居家服往往是由莫代尔面料制成的，舒适而有弹性，其均码就涵盖了S~XXL码。在外观上有点偏向睡衣，在家时可以舒舒服服地穿上单件，根本无需考虑走光的问题。

用料稍微厚实、挺括一些的居家服可以直接当连衣裙穿着逛街，同时买菜、逛超市同样很赞，不会让人看上去如同刚起床一般呈现一种不修边幅的模样。

长款的睡衣连衣裙能够展现你修长的美腿，与之搭配的可以是松糕人字拖，也可以是板鞋、球鞋等，总之体验感以舒适见长的足部单品为优先选择。当然，逛街时防晒自然也不能忽略，此时编织的度假风草帽可助你一臂之力，阻挡紫外线的同时，又凸显你的俏皮可爱。

居家浴袍选购

　　除了逛街，在家也要美美的。洗澡后浴袍是少不了的，合适好看的浴袍能够让你如清水出芙蓉一般优雅。偶尔来个快递员或者出现意外状况需要应门时，穿着尴尬就不好了。

　　如今，浴袍越做越美观，看似一张毛毯，往身上一裹，分分钟就能变成直筒连衣裙！

　　在选购浴袍时，建议挑选侧边带有魔术贴的设计，这样表面上看似无扣，保持了图案和线条的统一，同时方便快速穿脱。

　　为了显得年轻、俏皮，在图案上选择波点、卡通形状为佳。同时购入配套的浴帽，这样整体衣着可以达到统一，给人美观的视觉享受。

冬季抓绒内衣挑选

进入冬季，年轻人在保暖与美观的选择上往往开始犯难了。秋衣秋裤打底的确保暖，可当进入比较暖和的空调环境时，脱去外套，露出的秋衣内搭却又不太美观，而此时如果只穿夏秋季的单衣，又会容易受凉。

这时候，抓绒设计款的服装就起到了两全的作用，既美观又保暖。在前面的章节中，我们已经提到抓绒卫衣和打底裤的妙用，这里我们推荐一下居家必备的加厚抓绒打底衫。

抓绒款内衣表面是普通的服装，然后将里衬进行抓绒工艺处理，穿起来既不会显得臃肿，又能适当地起到内衣的保暖作用。长款的抓绒内衣尤其受欢迎，它还可以当连衣裙穿，省去了搭配的烦恼。

4.2　有氧与力量训练服装搭配

如今，人们越来越珍视健康，对于拥有健康的体态也更为看重，所以越来越多的人加入了"全民健身"的行列中，其中以有氧和力量训练最受大众欢迎。那么，我们如何在运动的同时也穿出时尚的味道呢，不妨来看看以下的推荐吧。

4.2.1 跑步、球类有氧运动服装搭配

◈ 跑步运动服装搭配

跑步一向是深受各个年龄段的人喜欢的有氧运动，如今有氧和力量训练结合更能快速而有效地燃脂，达到塑形减肥的效果。运动服如何穿出时尚感也是有窍门的。

对于经常需要锻炼的女性来说，跑步首选的是专业的运动背心，压胸设计是为了减少胸部因为高频率震动而受伤，这样上半身看起来也会非常紧致。然后选择一条比较贴身的运动长裤，可以尽情地凸显双腿的线条。由于背心在腰部以上，这样在视觉上可以重新分配上下半身的比例，起到了拉长下半身的作用，让你在运动的同时将比例完美的身材一起展现出来。

夏季若在户外运动，或者是在有强光源的健身房内运动，防晒工作是必不可少的。在全身抹上带有SPF（Sun Protect Factor，即防晒系数）15+++的防晒霜就足够我们在运动时使用了。这里不建议大家使用SPF指数太高的防晒霜，因为会有油腻感，在运动时反而加重肌肤的负担。

如果你在练习长跑的时候需要来点音乐，不妨戴上无线蓝牙耳机。与传统的耳机线相比，无线蓝牙耳机更方便携带，舒适感也能够提升一个层次，并且能增添嘻哈的帅酷感。不过在此需要提醒大家的是，一定要在保障安全的前提下佩戴无线蓝牙耳机，因为戴上蓝牙耳机听音乐时，容易忽略身边的人和物，所以会有危险。大家可以选择较为空旷的体育场，或者笔直沿街、无转弯路口的地方进行锻炼。

在购买运动装的时候，我们要注意产品的透气、排汗功效。一般在网购宝贝的详情页能够很直观地看到商家对材质特性的描述。为了健康考虑，这里比较推荐带有专利速干技术的运动服装，因为在透气的同时，它能很快地将我们身体表面的汗液排干，保持我们的体温稳定，不至于因汗液没有及时排干而导致运动停止后体温下降甚至出现感冒的状况。

为了降低感冒的风险，我们最好在运动前备好一件外套，秋冬季节自然不用说，需要注意的是很多人容易忽视的夏季。当跑步或者做其他剧烈运动停止时，大家往往享受着大汗淋漓的酣畅，却忘记了对身体的保温，一旦进入空调房或阴凉处很快会打喷嚏。所以，随身携带一件防晒衣或者透气的大背心是很有必要的，这样既不会太热，又能够恰到好处地与运动内衣等性感单品相搭配，既健康又时尚，可谓真正穿出了混搭的精髓。

⊘ 高尔夫、羽毛球及网球运动服装搭配

有时一项运动是有氧运动还是无氧运动很难界定，在大多的球类运动当中，两者几乎都是结合的，所以在选购相应服装的时候要结合运动项目的特点来定。

在选购此类服装时，舒展性为首要考虑因素，当你在参与高尔夫、羽毛球或网球运动项目的时候，需要完成挥杆、挥拍或跨步等大幅度的动作，有弹力的服装会更为适合。

其次，需要考虑的是透气与排汗的性能，以便我们在运动过程中时刻保持清爽、轻盈的状态。在购买时需要仔细阅读商家在宝贝详情页里面对面料的描述。最为常见的是涤纶（聚酯纤维）面料，但这不代表服装的性能都一样，在不同因素的影响下价格相差较大。（具体的面料辨别与选购技巧详见4.4小节。）

在服装款型的选择上，可以根据季节来选择裙装还是裤装。在选择裙装的时候，推荐带有防走光设计的。如果你需要在户外运动，建议选择深色运动装，深色运动装相较于浅色运动装来说更具有防晒效果。在户外穿的运动装往往比较贴身，多以直筒微收腰型为主，对于腰腹部脂肪较多的人来说，是个不小的挑战。有这些问题和烦恼的女性不妨通过运动来减肥塑形，这样才能将运动装穿出美感来。

4.2.2 足球运动服装搭配

随着职业足球联赛的影响日渐扩大，球迷中出现了越来越多女性朋友的身影，无论她们是为了欣赏养眼的绿茵场帅哥们还是乐于参与到这一团队运动当中，都是一件充满激情和活力的好事。

作为球迷，衣橱里自然少不了自己喜欢的主队的球衣了，五颜六色亮眼无比。这里介绍既适合运动又适合夏季逛街的运动风服装搭配。传统的足球套装，下半身的裤子较长一些，也比较宽松，显得有些肥大，我们可以将下装替换成平日里的热裤，相较前者长度更短，更紧身，这样与上半身宽松的球衣相对比，起到遮肚腩及拉长双腿的视觉效果。

我们还可以把感觉较为厚重的球鞋换成板鞋，看上去轻松很多。这样就把专业化的运动套装分分钟变成休闲街头范儿的搭配了。发型以清爽的马尾、丸子头为主，整体造型阳光活力。

在夏季，球衣并不是运动时穿的专利，很多人都将它当作时尚单品来看待，作为常服也能够发挥很好的效用。因其板型大多是宽松的，所以特别能够遮肚腩，再穿上紧身牛仔长裤，与上半身的宽松球衣形成对比，特别显瘦。通常球衣的色彩鲜艳，非常符合年轻人活力感的需求。

4.3 街舞嘻哈风服装搭配

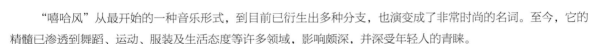

"嘻哈风"从最开始的一种音乐形式，到目前已衍生出多种分支，也演变成了非常时尚的名词。至今，它的精髓已渗透到舞蹈、运动、服装及生活态度等许多领域，影响颇深，并深受年轻人的青睐。

这类风格的服饰搭配主要以宽松、舒适、个性、张扬为主，同时运动与时尚并存也是它的一大特点。下面我们来介绍几款适合不同季节的穿着搭配。

4.3.1 棒球运动风格服装搭配

在欧美颇受明星和时尚界人士喜爱的运动里，较为火热的非棒球莫属。在炎热的夏季，衣橱里能来上一件速干的改良棒球服也不错，既可在打篮球、跳舞、跳操及跑步时穿，又可以当作连衣裙穿着去逛街，并且宽松的板型与苗条的身材形成对比，非常显瘦。

为了凸显可爱的气质，在服装颜色的选择上推荐粉色系，非常迎合夏花烂漫的感觉。如果你对粉色不太感兴趣也没关系，藏青色也是不错的选择。同时，为了与整体风格相呼应，搭配的球帽也建议选择同色系的。

此外，由于棒球裙装往往较短，因此防走光打底裤一定是不可缺少的。颜色以黑色为佳，也可以将裙装换成比较短的五分裤。

　　在配饰的选择上，太阳镜以黑色或者粉色边框的为佳，鞋子可以与衣服的颜色相呼应，也可以玩玩撞色。有句老话说"红配绿，丑得哭"，而在现在的色系时代中，这句话已经过时了。

　　就笔者看来，红绿色只要搭配得当，同样能有不错的视觉效果。在搭配时，如果红绿撞色面积差不多，就会显得没有主次。我们所说的正确的红绿色搭配是红色作为90%的主体颜色出现，而只有配饰或衣服的元素带一些绿色，并且都是偏深色的，这样不会太过抢眼。就好比红花配绿叶的关系，绿色起到了点缀的作用，又不至于喧宾夺主。

　　在包包的选择上，我们可以选择粉色系的双肩学生包，既增加了学院风的味道又"减龄"，并且也方便解放双手。这种包包特别适合徒步旅行的人，如果需要沿途记录轨迹，不妨带上便携运动相机。

　　如果你认为比较花哨的棒球服很难驾驭，不妨尝试一下不会出错的红黑色搭配吧。这种搭配既符合运动的活力设定，又符合人们对色彩搭配的传统审美，即便不是在运动，逛街、出游都是很好的选择。同时，红色容易为你带来好气色，黑色则显瘦，宽松的板型则能打造外肥内瘦的效果，在气温不是很低的情况下，敞开门襟露出内搭最佳。

针对棒球风搭配，除以上的建议之外，还有个显嫩又休闲的法宝，那便是你学生时期的校服啦！在春夏秋冬不同的运动套装中，有那么一身运动专用款，可以在你岁月的沉淀中峰回路转，为你的时尚代言。

特别是带有棒球外套元素的条纹装饰款校服，非常富有动感，让你分分钟找回学生的味道。藏青色给人带来沉静的书卷气息，白色又显纯洁，两者的结合很好地营造出纯洁的视觉感。

此时，若再配上一顶中性风格的棒球帽，毫无疑问会为你增添几分帅气之感。再配上一个可爱的波点双肩包，瞬间可以打造出"逆生长"的美好状态与效果！

4.3.2 嘻哈舞蹈运动风服装搭配

◈ 嘻哈跨裆裤搭配

对于喜欢运动和街舞的人来说，跨裆裤可谓必备的利器，那种松垮不羁的慵懒感仿佛在对路人说："Who cares？"秋冬时节，跨裆裤装可以选择羊毛制品的，不但亲肤而且保暖。此外，针织类型的跨裆裤弹性也好，同时非常透气，平日里可直接当外裤穿。在深秋较冷的时候，在里面再加上一条打底裤，也不会影响舒适度。

对于喜欢运动的人来说，锻炼是不分季节的。不过，到秋冬季节的时候，户外运动势必会穿得比较多，如果你是在街头排练舞蹈或者演出，那么就要考虑保暖与美观并存的问题了。

在此种风格的内搭上，建议选择T恤、练功服等服装，外搭抓绒卫衣或者棒球服。若是选择穿棒球服，其宽松度建议以开衫板型为佳，方便而透气，同时也有利于迅速将门襟闭合。如果感觉这种衣服保暖程度还不够，那么可以备上一件棉服或者羽绒马甲，露出袖管，既不至于显得臃肿，同时又能体现混搭的潮范儿。

在包包的选择上，推荐运动专用款。此款运动包包防水耐脏，放地上也没有关系，脏后直接用水洗或者纸巾擦拭就干净了。包包容量稍大一点可以放下毛巾、外套、替换内衣、运动耳机及手机等随身物品，非常方便、实用。

◈ 保暖防风运动服装搭配

　　此种风格的搭配，可谓居家与户外休闲运动两不误。目前抓绒套头卫衣深受年轻人们的喜爱，作为冬季打底衫穿既保暖又时尚，并且它可以和羽绒服、棒球外套及夹克衫等一起组合搭配，打造出各色花样。

　　在色彩搭配中，蓝色往往容易体现出明快的视觉感，而黑色则让人更显瘦。这里，我们将收腰型的超轻羽绒马甲与蓝色卫衣相搭配，可谓一举两得，同时配上黑色棒球帽，与马甲的配色相呼应，可以起到很好的点缀作用。

　　近年来，明黄色运动外套成为年轻时尚人士的不二选择。尤其在秋冬季节，它能够从黑白灰的世界里脱颖而出，让人眼前一亮，仿佛冬日里的一抹阳光，给人活力四射的视觉感。与之搭配的颜色，建议以白色、蓝色为主，并且和通勤牛仔裤搭配，更能碰撞出动感的火花。

4.4 面料制作工艺识别与选购技巧

在20世纪末，我们在学校所穿的夏季运动装多以锦纶为主，也就是目前我们耳熟能详的尼龙面料。它的优点是耐磨，缺点是容易产生静电，透气性较差，不利于人们长时间穿着。

随着时代的变迁，我们的服装面料制作工艺也在不断进步。目前运动装的面料运用全涤、多料混纺等工艺技术，并且每个专注运动品制造的制造商针对面料还自主研发了速干技术，譬如耐克公司研发的Dry-Fit、阿迪达斯出品的ClimaLite，还有网销很火爆的Coolmax、Coolplus等面料。它们能够在吸汗的同时加速汗液排出，我们在运动的时候不会因为出汗较多而让身体产生束缚感。

如今，网销的夏季运动装经过板型上的改良设计，也能当作日常的服装。所以，消费者对于服装的舒适度及色泽的鲜艳程度也有了更高的要求。

其中，蜂窝网眼面料以平纹织造，外观看上去非常平整，手感也偏硬一些，但较为挺括，不易起皱，并且耐磨，非常符合人们对运动装的耐穿需求。工艺经过改良后，面料具有吸湿、排汗、抗菌、防紫外线、色牢度佳等特点，且染色工艺达国家标准。

再加上洗涤方便、可熨烫、速干、不易变形及有弹力等特性，由这样的面料制成的服装在夏季是非常受欢迎的。运动休闲与时尚两不误，是经常在户外工作、活动的人群的最佳选择。

在价格上，普通涤纶面料、普通速干面料及专利速干面料的价格是不同的。专利速干面料在研发上投入了更多的资金，并且大品牌往往资金实力雄厚，也易研发出更多的新品种，再加上它们的自身品牌价值，价格会比网络自主研发的新品牌和普通贴牌产品高出许多。

在网购选择运动装的时候，可根据自己的运动量和运动种类来决定服装的类型，如考虑是否有快速排汗、保暖及防风需求等。不一定价格昂贵的才是最好的，同等价格的商品中，需要对比一下是否有自主研发技术、有无专利技术，并结合过往买家对产品体验、物流和售后服务等问题的评价，综合考量后再下单。

05

度假风服装搭配
要点与选购指南

5.1　沙滩风服装搭配

目前，无论在国内还是在国外，海岛度假成了许多年轻人工作之余休闲旅游的主要方式之一，毕竟面朝大海春暖花开的景致实在难以让生活在钢筋混凝土世界的都市人抗拒。穿上美美的连衣裙或是性感的比基尼，漫步在细软的沙滩上，拥抱大海；穿着火热的背心短裤徒步在海边的林荫道上，迎着徐徐的微风……如此美妙的体验怎能不让人心神向往呢？

5.1.1 连衣裙搭配

◈ 吊带连衣裙搭配

夏季连衣裙分为很多种，我们在第2章中的通勤服装搭配部分已经为大家展示了部分工装连衣裙。区别于平日里一板一眼的办公室裙装，度假裙装更偏向于舒适、轻盈、唯美、亮丽，以及能够展露身材。

为了有更佳的穿着体验，我们在网购时可选择以纯棉、莫代尔、冰丝及雪纺等透气、顺滑的面料为主的裙装，轻薄飘逸而有弹力的为佳。这样的裙装垂感良好，裙摆飘飘。

在颜色的选择上，我们可以自由发挥。在蔚蓝的海边或者湖边，穿着色彩斑斓的服装拍照能使画面更加明快。吊带款型的连衣裙更能凸显性感的锁骨和嫩滑的肌肤。

胸口带有褶皱、花边设计的连衣裙更适合胸部较小的女性穿着，其微微隆起的外部装饰在视觉上带有一定的膨胀感，可以弥补一些身材上的不足；而下摆带有条纹、层叠、百褶及外扩蓬松设计的连衣裙更适合身体局部肥胖或下身较胖的人穿着，这样能将赘肉偷偷收入裙中，使得整体线条较为流畅。

近年来，高腰复古设计融入不同种类的服装当中，连衣裙也不例外。这种设计的服装使腰际线直逼下胸围处，重新分配下半身的比例，使人们在穿着时几乎能够拥有九头身的效果。若高个子女性穿着，可以配一双平底凉鞋，也丝毫不会显矮；如果是个子较矮的女生，可以搭配一双细跟凉鞋，将裙摆延伸至足尖。

流行的宁静蓝色和粉水晶色可谓度假风装扮中必不可少的配色，无论是单一色系还是两者相碰撞，都能带来意想不到的恬静与清新之感。

不过需要注意的是，这两种颜色适合肤色较白皙的人；皮肤偏暗黄和肤色深的人穿这种颜色的衣服会与肤色形成强烈的对比，无疑会将缺点在人前暴露无余。

超长款背带连衣裙

　　背带连衣裙和吊带连衣裙从字面意思上便可区分。背带款连衣裙更像是往下半身延伸的T恤，更偏向于休闲与动感，常见于欧美风格的服装。其面料通常以莫代尔、人造棉及氨纶混纺居多，透气、吸汗又有弹力。

　　此类裙装面料较为贴身，会吸附在皮肤上，所以比较挑身材，不太建议局部肥胖或是过于丰满的人穿着，否则它会将你的身材缺点暴露无余。此板型的连衣裙适合瘦高的女性穿着，因为偏向于中性，所以搭配精致的高跟凉鞋就不太合适了，建议选择人字拖、平底凉鞋等。

　　如果你觉得单穿连衣裙还不够"仙范儿"，那么在出行前可以在网购旅游用品的专卖店铺采购一些仿真花卉、可爱发卡及编织发箍等作为配饰。即便你忘记准备，也没关系，在一些旅游型城市也可以买到新鲜的花环饰品。可别小看这些配饰，有了它们的陪衬，会给你的度假之旅增添更多迷人的气息，让你化身为高雅迷人的女神。

　　在炎炎夏日，太阳镜更是大家需要准备的度假单品，它不仅时尚，还能够有效地遮挡紫外线，防晒的同时又避免眼部水分的流失。在美丽的海滨赖床晚起，即便没有化妆，戴上太阳镜也能拍出美美的照片。在佩戴之前，眼部也要抹上防晒产品，做到全方位的防晒保护。

　　与连衣裙相配的人字拖是首选的足部单品。为了脚底的舒适程度考虑，松糕材质的夹脚拖鞋是较好的选择，它不仅可以起到防痛的作用，还能够有效增高。不过，人字拖的防滑效果往往不是特别理想，所以在进行水上运动或者漫步沙滩的时候，可以换成透气的运动鞋或直接光脚行走。

此外，一顶增添田园清新味道的防晒编织草帽能起到画龙点睛的作用，在有效阻挡紫外线的同时，还能修饰脸形。

雪纺背带连衣裙

在许多度假旅游型城市往往都有大型的购物中心、机场免税店等，而这也成了女性出游必去的地点。或多或少给自己和亲朋好友买些免税或者价格更优惠的产品，也是不错的体验。

逛街时的穿着与搭配往往以舒适、便捷为主。如果此时想要来点中性风格的穿搭，且购物中心内的冷气较低，可参考后续第7章当中的中性风格穿搭，机车外套风衣搭配T恤、热裤不失为佳选；如果想要自己的装扮更女性化一些，且购物中心内部的温度也适宜，背带雪纺连衣裙也是不错的选择。

背带雪纺连衣裙有别于沙滩连衣裙，选购时建议以中长款为佳，超长款在此时会显得拖泥带水，与时髦的购物中心环境不太匹配。

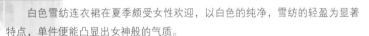

白色雪纺连衣裙在夏季颇受女性欢迎，以白色的纯净，雪纺的轻盈为显著特点，单件便能凸显出女神般的气质。

针对白色雪纺裙，高腰板型为首选，它是分配身高比例的好帮手。若是连衣裙中带有唯美蕾丝、雪纺及欧根纱等花边设计，更能散发恬静的女人味儿，让你如少女般清纯，如舞者般灵动。

宽松的百褶下摆能够有效地掩盖肥胖的臀部和粗壮的大腿。在这里，推荐五五分身材比例的女性选购下摆长度到大腿中部的连衣裙，这样能够露出双腿，让人们的视线由上至下转移；而高个子女性则可以选择及膝的裙摆，相比短裙来说，它更能为你增添一分矜持与淑女之感。

不知道大家在平时是否注意到，身怀六甲的美女明星们在出席活动时也钟情于类似板型的白色连衣裙。

此类连衣裙因其下摆微微隆起的花苞形线条，与孕妇腹部的线条能够保持一致，所以相机从正面拍摄的照片是会欺骗我们的眼睛的，必须从侧面才能看出隆起的肚子。这类板型的连衣裙适合孕妇穿着，让大家在当准妈妈的时候也能保持美美的状态。

如此轻盈飘逸的搭配，若是与一双厚重的凉鞋或高跟鞋组合就会显得格格不入。此时建议选择以透明、裸色或白色为主的足部单品，使其与整体色调统一，避免"脚重头轻"。

此外，对于鞋跟的高度，可以根据自身喜好和平日的穿着习惯来定。一般来说，粗低跟更显平易近人，细高跟则显成熟、高冷。此时推荐鱼嘴设计的露趾款拖鞋，此类单品集大方、性感及清爽于一体，尽情凸显女人味儿。

堆堆领连衣裙

上面的白色连衣裙更适合上半身并不是很丰满而下半身却有些粗壮的梨形身材的人穿着。

此时，我们推荐的堆堆领连衣裙是为下半身较苗条、上半身较丰满的人准备的。它的层次与垂感如同水波荡漾，让你穿上它之后显得十分柔情，且能够有效弱化太过火辣、丰满的胸部，瞬间让你进入女神范儿的行列当中。

与上一款连衣裙相比，此款连衣裙更是将"堆堆"二字彰显到极致。和上一款连衣裙的不同之处在于，这款堆堆的袖管借鉴了蝙蝠袖的设计灵感。它独特的板型将肩膀直接连接到高腰中间，加上层叠的雪纺与慵懒的褶皱，这种设计有效地弥补了无袖连衣裙可能将你的粗手臂暴露无余的缺点。

此外，垂感良好的不规则裙摆也是设计的巧妙之处，它能给人延长腿部的视觉效果，同时结合粉色的甜美，极显年轻与自然。

⬡ 挂脖抹胸裙搭配

多穿法半身裙

　　除了背心吊带款式的连衣裙，挂脖式吊带款连衣裙也非常受女性的欢迎。它的松紧腰设计为我们提供了抹胸裙和半裙的不同穿法，可谓百变搭配中的千面娇娃。

　　挂脖抹胸连衣裙的面料往往有纯棉和雪纺两种，若是喜欢仙范儿的女性建议选择雪纺面料，喜欢亲肤且追求素雅的女性则建议选择纯棉面料。

　　在板型上，上围建议选择带有松紧样式的，如此当作抹胸裙穿，可以避免上围无法支撑起裙子而导致的衣服频频滑落的尴尬。

　　若是当作连衣裙穿，单件足以凸显你强大的气场，既性感又不失活力。此外，若是能配合超长款或者超短款披肩防晒衣，即可使美丽、防护两不误。若是当作半身裙穿，上面可以搭配浅色系的背心或者短袖T恤，让整体造型有了更多的花样。

可爱风网纱抹胸裙

网纱、欧根纱的抹胸裙更偏向于摄影用的礼服。不过，现在选择旅行拍摄的人越来越多，在携带行李时，除了平日的衣服外，往往还会备上一两件用于拍摄写真的服装，其目的是将美好的旅途完美地记录下来。

人们陶醉在壮丽的山水之间，怎么都要打扮得美美的。与周边青山绿水形成强烈对比的色彩非粉红色系莫属。如果你还怀揣着一颗少女心，粉水晶色、玫红色和西瓜红色都是不错的选择。

裙摆选择蓬蓬的款式能彰显可爱之感，也能有效遮住臀部、大腿部的赘肉，只露出细长的小腿，更加显瘦。

在发饰上，可以购买与裙子相同色系的发箍，以体现视觉上的统一感，并可将萌萌的样子发挥到极致！

旅拍婚纱礼服搭配

海天蓝色长款礼服

旅拍婚纱照可谓近年来兴起的婚纱照类型。如今的新人都喜欢在蜜月期完成婚纱照拍摄，且大多数人选择去海岛，因为海阔天空加上细腻的沙滩有助于拍摄出大气唯美的婚纱照。

在随身所携带的婚纱礼服上也颇有讲究。为了在拍摄时凸显大气，建议裙装尽量选择大一些、长一些的下摆。长下摆的婚纱或礼服能够拉长身材的比例，使你的身材得到很好的展现；同时，大裙摆能够在拍摄时制造出迎风飘扬的感觉，是营造唯美意境必不可少的道具。在颜色的选择上，可以与海天颜色相同，或者选择明快的对比暖色系搭配。

在下摆的具体样式上，建议选择开衩样式的，此样式既性感又便于造型。在网购婚纱、礼服的时候，可选苏州生产的，因为苏州拥有较大的婚纱生产、批发零售、婚庆摄影器材及相关服务市场，并且还拥有目前亚洲最大的婚庆产业批发基地。此外，很多苏州婚庆企业也向日本、欧美等国家出口婚纱制品，样式繁多，很多在做工上也颇为讲究。

在购买这一类服装时，将网购所在地选为苏州，服装价格上也会比其他城市同类商品要实惠很多。有不少是厂家采用直销模式，并且基本上都支持定制服务，不用担心在线选购时没有合适尺码的问题。

白色大摆婚纱

壮美的大自然让人惊叹，所以我们选择携带的婚纱"气质"也要与之相符。若你想要在拍摄时拥有大气的构图，建议选择带有大摆或长拖尾的婚纱。

如果你怀揣着公主梦，则推荐购买层叠蛋糕式设计的婚纱，厚重的蓬蓬效果加上白纱的飘逸，丝毫不会使你显得笨拙，反而会使你散发出稚气与童真。同时，宽松的下摆可以将你身上的小缺点一一掩盖起来。这样的夸张板型能与你纤细的腰部形成强烈的对比，从而使你更加显瘦。

对于喜欢成熟性感并带有女神味道的人，蛋糕裙显然就不太适合了。此时尤为推荐比较飘逸如同连衣裙样式的婚纱，化繁为简，但又在下摆处加长裙摆的用料，使其区别于日常的服装，让你在简约大方的同时，又能透出满满的成熟气息。

不同于蛋糕裙的是，此款连衣裙较多是用欧根纱面料制成，因为要起到挺括塑形的作用。如果你想要在拍摄时制造飘逸之感，那么可专门选择由软缎加雪纺面料制成的婚纱或礼服，它含天然桑蚕丝和人造丝混纺成分，更多地偏向软式的手感和轻盈的视觉感，穿着体验更为舒适。

无论是婚纱，还是礼服，其价格往往因面料不同、用料面积大小不同而有比较大的差异，且量产现货与手工定制的价位相差也不小。因此，大家在网购的时候，可根据自身的拍摄与造型需求，对面料的关键词进行筛选，从而更精确地选择与购买。

5.1.2 无袖T恤与背心搭配

⬡ 性感T恤和热裤搭配

全黑的服装往往会给人难以接近的感觉，因其神秘而强大的气场使人望而生畏。那么，如何将全黑服装穿搭出温柔的女人味儿呢？

如果你喜欢中性风，那么T恤与热裤的组合绝对符合你的口味。在前面的章节中，我们为大家展示了关于中性风的搭配，但所介绍的中性风格搭配更偏向街头和运动范儿，多了些男儿气。

一秒中和男人味儿，增添柔情的关键之处在于T恤的设计。此时我们可以选择有露背、镂空、低领及蕾丝拼接等元素的T恤，在秉承简约设计风格的同时，又可以寻求一些变化。

许多胸小的女性总是不敢尝试那些低领款式的服装。在前面的章节中，我们也不止一次提到，带有装饰性质的领口赋予了这类人穿性感上衣的权利，而荷叶边、堆堆领及立体装饰图案等更是弥补胸部不够丰满的贴心设计。

这样一来，增添女人味儿的元素有了，整体搭配也不再那么硬朗，变得灵动而柔情。并且，黑色极易衬托出皮肤的白皙，在耀眼的阳光下也更引人注目。

出游的时候，一款轻便的双肩包能够帮上大忙。我们可以在背包中装入手机、相机、太阳镜、水瓶、防晒霜、防晒外套及防暑药品等，以备不时之需。

◈ 透视迈阿密风情服装搭配

说起迈阿密，让人联想到的是阳光、沙滩、椰子树、比基尼等。如果你旅行的目的地也有类似的景致与风情文化，那么就大胆地穿一回迈阿密风情的服装吧！

透视装绝对是假日旅行较受欢迎的一个时尚穿搭分支，常见的有透薄雪纺外套、唯美性感蕾丝罩衫搭配比基尼泳衣或运动背心等搭配。

对于喜欢欧美风的人来说，无袖透视雪纺衬衫一定不能错过。它充满干练感的尖领设计，让你显得英气十足。

为了让帅气与性感并存，可以将衬衫的下摆打结，如此便使人多了几分动感与不羁的味道，并且还能够露出纤细的小蛮腰。如果有马甲线能够"炫耀"的话，那自然是再好不过啦！

穿上它，如果担心走光问题，选择一款合适的打底背心就能解决。打底背心从雪纺衫里透出，若隐若现的，比起直接穿上比基尼更为性感和迷人。

◈ 运动清新篮球风服装搭配

除了纯中性与纯小清新，有没有办法将两者融合呢？

答案是若想在中性之余又能表现出一丝小清新，半身裙加T恤的搭配是不错的选择，它们就如同双重性格的人一样自然存在。在旅行的穿搭中，既能够满足舒适方便的需求，又能够满足对留影美观的需求。

要知道，目前篮球背心已经不再是男生的专利，柔美的女性也能够穿出不一样的味道。娇小纤细的身板与肥大的无袖T恤形成强烈的对比，更为显瘦。

不过，此类板型的背心，袖管一般不进行缝合，开口较大，会有走光的危险，所以打底背心是必须要穿的。在背心的面料上，推荐选择莫代尔、纯棉、人造棉或混纺氨纶成分，既舒适亲肤，又有弹力，一般均码的莫代尔背心适合所有普通身材的人。对于背心颜色建议选择白色，任何颜色的外套都能与之相搭配。

因篮球背心往往比较长，身高在平均值上下的女性可以当作连衣裙穿，然后内穿一条打底裤即可；而个子较高的女性，可在下半身配上一条雪纺半身裙，这在防止走光的同时，也能够立刻中和T恤本身的一些男性化的味道，使得整体搭配转向清新学院运动风。

对于半身裙讲究的是高腰穿法。将背心随意堆叠在腰部，制造出一种轻松自然的感觉，同时T恤的宽松感又能起到遮肚腩的作用。

最后别忘了，度假时的防晒工作可不能少，穿无袖服装最容易导致"熊猫臂"的出现。这时候，一件防晒衫则成了保护皮肤的卫士。为了透气与美观效果并存，纯棉的衬衫当属最佳选择，并且颜色越深，防晒效果越佳。如果你钟情于浅色系，不妨选择带有大面积印花的款式，在有效防晒的同时，还能为你带来一点小清新的感觉。

⬡ 比基尼泳衣挑选要点

款型的选择

三点式比基尼

目前，比基尼的基本款一般为三点式泳衣。因其往往会暴露大面积的皮肤，所以不太适合腰部肥胖的人穿着，否则会将缺点放大。但若你的身材修长，身体各部位都较为匀称，且平时爱运动，有着优美的马甲线，则选择它再合适不过了。

不过，此款式的泳衣并不太适合A罩杯的女性穿着，因其基本无钢圈且无胸垫，系带很容易滑动，固定性较差，若露出胸口太过明显的肋骨痕迹，无疑会显得非常难看。

而胸部较为丰满，且上半身没有多余赘肉的女性，则能够很好地将三点式泳装支撑起来。不过在这里要强调的是，罩杯在D以上的人不太适合穿此种泳衣，因为胸部会很容易"溢出"，所以有很高的走光风险。

对于没有"胸器"优势的人，也不是完全与三点式比基尼无缘。前面几章我们讲了如此多类型和风格的搭配，无一例外都是告诉大家，要对自己的身材充分了解，并做到扬长避短。所以即便是平胸也没有关系，选择一件松垮的背心罩衫或者镂空防晒衣穿上即可，如此能使得上半身产生外扩的膨胀感，与下半身露出的长腿形成强烈的对比，将人们的视线转移到腿部，从而忽略胸小的问题。

抹胸式比基尼

相比上面所介绍的三点式比基尼，这款的上衣有了改变，偏向抹胸形，穿法有以下两种。

穿法1：挂脖吊带。这样可以使颈部至胸口形成一片分明的几何区域，有效地拉近脖子与胸口的距离，让下垂的胸部有上提的效果。

穿法2：将吊带取下，仅仅穿抹胸。这种穿法比较适合胸部较丰满的人，不太适合胸小的女性，否则会让原本偏小的胸部显得更加小，与同样偏窄的髋部形成毫无起伏的平行线，从而失去美感。

以上所说并不代表髋部狭窄的女性就驾驭不了抹胸款的比基尼泳衣。我们可以在下装上备一条防晒+防蚊的沙滩阔腿裤，直筒或者微喇叭款式均可。此款单品能让臀部产生丰满的膨胀感，这与平时穿阔腿牛仔裤的效果是一样的，不仅让下半身的线条延长，同时它的视觉宽松感也弥补了上半身太过单薄的缺点，使得你的重心很稳。

此外，若是带有流苏装饰物的泳衣，则能给胸小的女性带来不一样的穿着体验。那种零碎堆叠的扩张感，如同给你的胸部偷偷加了点"料"进去，且流苏底下的抹胸若隐若现，很是性感，但又不会像过多的荷叶边装饰那样，因太过厚重而适得其反。

连体式比基尼

　　大家是不是总以为，连体泳衣都是偏专业运动的保守款式，与性感无关？其实不然。

　　在市面上，如今也有很人性化的连体泳衣设计，露背、低胸及露腰的设计都是亮点，这种款式给想要展露身材却又趋向保守的人提供了许多选择的机会。

　　穿上它之后，优美的腰部线条和光洁的背部将尽情地展现给大家，并且露出的腰线与被连体处所遮盖的小腹形成强烈对比，仿佛犹抱琵琶半遮面的娇羞，引人浮想联翩，比起纯粹暴露的款式，想必更加引人瞩目。

面料的选择

　　在泳衣的制作当中，常用的面料以氨纶为主。如今，氨纶面料在服装生产中的应用可谓相当广泛，每当我们查阅服装内侧的面料成分标签时，通常都会见到含有5%~30%不等的氨纶的成分标识与说明。

　　氨纶全称聚氨酯类纤维，也就是俗称的弹力纤维。在前面我们提到它的作用，它常运用于运动服、紧身衣、居家服、泳衣等的制作中。

　　氨纶凭借其弹性好和回弹性佳的特点，多见于均码服饰的制作当中，加入泳衣面料的制作中，还能够使泳装有效抵御汗液和海水的侵蚀。

　　通常，质量较好的泳衣，其面料成分中的氨纶丝含量需达到18%的标准，这样的泳衣伸展性、回弹性也较佳。如果仅伸展性好而回弹性较差，那么穿着几次后泳衣就会越变越大，甚至变形。

　　所以，再次提醒大家，我们在网购下单的时候，要反复确认所购买的泳衣面料成分，这样才能从众多的价格与款式中筛选出自己需要的宝贝。

5.2 徒步与骑行风服装搭配

5.2.1 短途速干衣搭配

到了旅行的目的地，我们需要好好放松心情，好好感受每处景观，拒绝将大把的时间都耗费在乘车上，或者采用走马观花的旅行方式。来一场徒步旅行吧，徜徉在每条街道，问个路，买个甜品，与当地居民、小贩交流交流，会有意想不到的体验与收获。

如果你是在夏季出行，那么徒步时要注意防晒与排汗。根据预计所花的时间来决定使用哪种SPF指数的防晒产品。服装可选择以能够快速排汗的速干面料制作的类型，这样即便回到住所，清洗、晾干都能够节省不少时间，还会减少第二天没有衣服穿的尴尬。

宽松的V领上衣能给你带来舒适的穿着体验，绿色给人以生机勃勃的感觉，能凸显年轻与活力，下穿裤腿稍大一些的速干裤，便于空气流通，这里不太建议穿紧身的打底裤，因为这样不利于排汗、透气。

在鞋子的选择上，以登山鞋、球鞋及跑鞋为佳，高跟鞋、凉拖等会比较磨脚，不适合长时间走路穿着。在出行前网购鞋子的时候，根据平时穿鞋的尺码，可再选大半码，这样能防止因鞋子过小而挤压脚趾，以致影响健康。

在前面几章，我们推荐了不少复古高腰穿法，从而达到拉长整体身形的效果。而在徒步风服装这里，我们可以反其道而行之，拒绝五五分的比例，要么上短下长，要么上长下短。上衣的长度以可以遮盖部分热裤为佳。

为了在徒步的时候减少对身体的负重，一些不必要或者价值不高的随行装备可以暂时安置在住处或安全寄存点，然后带上一个比较方便的背包，轻装出发吧。

如果你是去登山，那么时尚的登山包不可或缺。在登山包里可放入补给品和户外登山需要用到的小工具，同时还可放上一两件替换的衣物，以及可收缩的小伞，用来应对多变的天气，这也不失为良策。

5.2.2 防晒速干衣搭配

如果你喜欢中性风搭配，工字背心绝对是不错的选择，硬朗中又不乏性感，即便是内搭，露出肩带也不会显得尴尬，更添朦胧的韵味，比起透视装也多了一分动感之美。

网购的时候，推荐查看详情页的面料描述，以纯棉为主，氨纶为辅的面料最佳，这种面料舒适与弹力兼顾。

在户外时，除了可以涂防晒霜进行防晒以外，还可以备上一件轻薄防晒面料的专业户外防晒衣，因为防晒霜只能防止晒伤，并不能防止晒黑。

为了保持原有的白皙肤色，我们可以化学防晒和物理防晒双管齐下，让你玩得尽兴的同时，又拥有多重防晒的保护。

TIPS

目前，市面上的防晒服装是否让你挑花了眼？

市面上那些价格低廉的10元~30元的防晒衣可以说只是品名沾了防晒的光，其实和道具服没有什么区别，还不如同等价位的棉质T恤的防晒效果好。据英国科学家研究发现，深红色或者藏青色的化纤面料服装是最理想的防晒单品，因红色光波最长，能够大量吸收日光中的紫外线，而其他颜色的防晒衣吸收效果则相对较弱。如碰上白色或浅色服装，显得特别耀眼，还需谨防增加了荧光增白剂，否则它们能将一些有害的光线反射到我们的面部，对面部造成一定的伤害。

市面上有一种将防晒涂层涂于服装表面，并且涂层需要使用某些黏合剂才能与服装结合的防晒衣。这种防晒衣穿上时就如同给人体的毛孔涂了一层胶水，虽然防止了外界粉尘、紫外线的侵入，也阻隔了空气。因此，这类服装的缺点不言而喻，既闷热又不透气。

此外，有一些轻薄的皮肤衣，别看它们薄透，但是防晒效果一点都不差。其中耐光性比较理想的当属由腈纶材料制成的皮肤衣，它们由抗紫外线的多微孔纤维制成，其结构使得透气性较有涂层的防晒工艺的更为人性化。不过，防晒效果越好、质地越薄的防晒产品，其价格就会越昂贵。

5.3 旅游城市文化风服装搭配

除了之前我们提到的一些海岛旅游城市之外，还有一些内陆的古城及国外的历史文化名城等，去那边旅游的穿着打扮可是与海岛风格完全不同。为了融入当地文化，我们可以提前做一些功课，留意哪些服装设计元素能与目标旅游城市的文化特点相符合，然后有计划、有目的地进行网购。

5.3.1 日系清新度假风服装搭配

在"3.4日系洛丽塔风格服装搭配"的章节当中，我们已呈现过日系的搭配。不过在这里，我们增加了两件不同的单品，瞬间就能将你的可爱小女生气质转变为睿智文艺的风韵，让你的气质与目的地的历史文化相得益彰。

一顶名媛风的防晒草帽可谓夏季旅行必备的单品，它在阻挡紫外线的同时，还能够修饰脸形，使整个面部更显小巧。即便是四方脸形的女性，也能因为它而有所改变。

将可爱的学生细框眼镜换成更具摩登感的太阳镜，会更增添女人味儿，并且配色上建议与帽子或内搭相统一，从而在视觉上达到和谐感。

如此从整体看上去，你会从元气少女变身为安静的文艺女神，徜徉在古城的大街小巷，低调又不失清新优雅。

5.3.2 古城文艺度假风服装搭配

◈ 夏季服装搭配

　　古城向来具有安静、质朴的味道，且带有浓浓的历史感与人文情怀。当你徜徉在青石板铺就的古街上，听着船夫投入地哼着民歌小调的时候，定是一番享受，瞬间便体验到古今文化交汇的奇妙所在。

　　这时候，在服装上我们可以选择藏青色基调的单品。藏青色是蓝色与黑色的过渡色，非常低调内敛。很多职业套装也都采用这一色调，如此可以使你显得端庄、典雅、素净。

　　藏青色的百褶半身裙则给人以恬静、大气的视觉感，并且在面料的选择上，可以以莫代尔为主。在第3章的小清新风格搭配内容当中，我们也提到过莫代尔，百褶半身裙的垂感良好，是打造女神范儿的不二选择。

　　衣服与草帽的配色相呼应，上半身的白色棉质T恤与半身裙相得益彰，形成一个整体，复古感浓烈的斜挎包更锦上添花。

　　此外，若换成编织风格的手拿包也颇具亮点，如此更能凸显民族手工制品的质感。

◈ 秋冬服装搭配

　　如果你要去充满古典文化的城市旅行，不一定非要准备旗袍之类的服装，平时穿的比较时尚的单品经过组合，也能打造出复古的味道。

　　在秋冬季出去旅行，在穿着上保持美感的同时，也要注意保暖。怎样在温度与风度并存的前提下穿出符合当地文化的服装是值得思考的问题。

　　毛衣与半身裙的组合是最为常见的搭配，此时的裙子通常为短裙，以凸显修长的美腿为主，同时又不失时髦与俏皮感。若我们将短裙换成及地长裙，又能营造出截然不同的古风气质，因为古人的穿着多为上衣下裳制，而裳的本意便是遮蔽下半身的裙子。

最能营造复古风格的单品确定后，我们可以着手挑选别致的毛衣。此时那些现代感十足的毛衣不予考虑，而带有补丁设计的毛衣是非常推荐的，因为它具有20世纪朴素民风的烙印。

围巾一直占据着秋冬搭配单品宠儿的地位，它因千变万化、推陈出新而深受欢迎，它具备保暖、美观及装饰的多重功用，可谓秋冬穿搭中必不可少的单品。

为了迎合整体的古风基调，丝巾类的围巾无疑会显得太过轻薄。此时毛线织品的质感值得推荐，如果可以选择带有新奇设计的款式则更好。看似帽子与围巾的组合，实则只是一条连帽设计的围巾而已，并且底部还带有口袋设计，简直就像一件多功能的特色马甲。

为了与整体配色相统一，鞋子的颜色应尽量呼应毛衣或者半身裙的颜色。带有松糕设计的鞋子还能对身体起到"拔高"的作用，在视觉上拉长身形。

如果觉得天气凉意十足，可搭配一件外套。这里推荐两种外套的板型：一种为超长款，与半身裙长度相同为最佳，这样可以保持里外垂直、线条统一，使得身体呈直线状态进行延伸；另一种则为中短款外套，长度与毛衣下摆保持一致，这样不会破坏内搭的比例。如果毛衣是中高领的，建议外套为低领或翻领，这样能够露出毛衣领口，凸显层次感。

5.3.3 欧洲古风服装搭配

若是去欧洲旅行，我们可以穿一些中世纪复古味道的服装。当然这里并不是指戏服的搭配，而是带有宫廷风元素的改良服装搭配。

在欧式穿衣风格中，灯笼袖、荷叶边及泡泡袖不失为出镜率最高的设计，因此我们可以备上一件这样的上衣；在下装上，建议选择一条高腰连衣裙，如此可以将你的上下比例分配得更好。

看似混搭风格，实则并不突兀。如此装扮，乍一看很像身穿一条连衣裙，因为白色上衣的袖管通过背心连衣裙透出，仿佛无缝拼接，与牛仔蓝搭配融洽，让人产生一种美妙的错觉；下半身不规则式的雪纺裙巧妙地与牛仔衣共用拉链门襟，视觉上形成了良好的统一性。

众所周知，中世纪欧洲贵族女性所穿的衣服几乎都是束腰的，显得腰部极细。而此时的高腰半身裙上也刚好有腰带，因此在系腰带时可适当紧一些。如此一来，原本现代设计感的混搭摇身一变，成了宫廷古风的样式，但又不失创新，走在满是欧式建筑的城市街头，别提多时尚啦！

此外，若是再备上一个复古相机包，可肩背，也可斜挎，既能方便拍照又能当作搭配单品，真是两全其美呢。

5.4　度假风服装面料的辨别技巧

在前面的章节里，我们讲到夏季在外徒步旅行时，建议大家选择由速干面料制成的服装，但并没有推荐透气而亲肤性强的棉质服饰，这是为什么呢？

下面，我们先来讲一讲聚酯纤维与棉的区别。

在夏日居家的时候，我们并不会进行剧烈运动，也不会被阳光直射，如果是待在空调环境中就更不易出汗了，所以棉质带给我们的必然是舒适的体验。

棉的特点在于吸湿，所以一部分汗腺发达的人在夏季穿纯棉服装就容易造成"体臭"的尴尬。尤其是在纯色的棉质服装上，由于棉的吸湿特性，吸到衣服中的汗水也会蒸发得很慢，而此时在衣服上出现一大摊的汗渍，毫无疑问会让人显得非常难堪。

当你被烈日炙烤后或者剧烈运动过后找个绿荫处避暑，这时温度与紫外线直射的时候往往相差很大，并且此时你的体温也会急剧下降。而穿纯棉服装的时候，你的汗液未能随着体温下降而及时排干，这样你的身体很容易被寒气侵入，从而造成感冒。因此，在这里尤其要提醒去比较寒冷的高原地带旅行的朋友，这些地方高强的紫外线与寒冷并存，所以随身带的贴身衣物尽量避免纯棉制品，以防汗液无法及时排出而出现意外感冒、发烧的现象。

我们在"5.2徒步与骑行风服装搭配"章节中采用了替换穿衣的方法，在旅行中根据不同的场合和需求带上一件替换的上衣，这样在旅行的过程中能快速排汗、透气，而回到住处换上纯棉制品时，又能很快适应舒适的居家环境。

速干衣的面料通常由聚酯纤维、竹炭提取物制成，它的特点是吸附性强，缩水率较稳定，并且经过速干工艺处理，能随时保持清爽、干燥的穿着体验。其制作工艺的特点在于通过服装自身的面料材质，将汗液或者其他液体（如雨滴、被溅上去的污渍等）迅速排到服装表面，随即通过空气的流动，这些液体随之蒸发，从而达到快速干燥的目的。

5.5 度假用品的选购与储备

在旅行话题中，我们经常能听到"轻装上阵"这个成语。当你出去旅行时，有效减少携带行李的数量和体积，会给旅行带来不少的便利。

许多女性朋友总是觉得出行的时候不知道应该准备些什么，哪些是需要的，哪些是不需要的，因此很可能会装上好几个包裹，让自己不堪重负，旅游的好心情也荡然无存了。那么如何有效改善这一状况，但又在旅游时不影响自己的生活？

此时，对于护肤品建议携带旅行套装，如果你所钟爱的护肤品并没有推出旅行套装，那么自己可以在网络上预先购买一些分装小瓶，然后将正装倒入其中即可。

为了方便护肤品的收纳和取用，可以网购几个透明的防水便携包，大中小型号建议都准备齐全，如此当需要哪个型号的便携包便能一目了然。若是随身带着护肤品去海滩或进行游船、海钓等活动，也方便我们补妆、补涂防晒霜。同时手机也可以放入袋中，因具有防水功能，就不怕随身携带的电子产品受潮啦。

选购和准备化妆品时，眼影携带符合度假环境色彩的即可，不必大盒小盒带上好多彩盘，将最常用的以小盒的形式单独携带就好。同时，对于皮肤较白皙的女性，即便是素颜示人可能也没多大关系；但若是皮肤偏黄的女性，则有必要带上能提亮肤色的隔离霜和BB霜了。此外，眉妆和唇妆是必不可少的，尤其是去海岛度假时，戴上太阳镜可以不化眼妆，但若在这时候能来上一抹红，想必能为你增色不少，再备上一支既能当作眉笔又能用作眼线笔的眉笔，将你的整体打造得更具有精气神。

如果是到海岛度假，那么所准备的服装建议以轻薄型的为主。我们可将衣服卷起并放入行李箱中（据说空姐们都是这么操作的），如此可以节省不少空间，也可以多带一些东西。用卷的方法服装不会太过褶皱，这样出门在外即便没有熨烫机也能穿出服装的自然与挺括感；而折叠法因为本身折叠就有印子，再加上层叠的服装被重压后也会加重折痕，所以服装会褶皱。

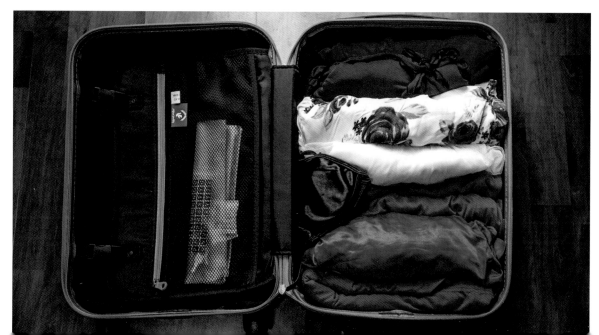

当然，如今许多度假胜地的酒店配套设施都相对完善，有的还会设有吹风机和熨斗等。如果没有也没关系，我们可以根据蒸汽挂烫机的原理，在住所的浴室里进行模拟。只需将浴缸注满热水，将有褶皱的衣服挂于其上方即可，让蒸汽施展魔法吧。

在行李箱的选择上，尤其推荐万向轮的。万向轮，顾名思义，不管往哪个方向，行李箱的轮子都能轻松自如地转动。在网购行李箱的时候，要着重关注产品的防水性能、容量及承重等，承重好的行李箱还能在无座位的情况下当作椅子。

在行李箱品牌的选择上，比较推荐传统品牌。传统品牌经过了时间和市场的考验，较网络新出的产品来说，它有一定的优势与质量保障。也可以在线下专柜先查看实物后，再到授权或官方网店进行购买，这样即便产品有质量问题，也可以直接到线下联保维修点进行维修。毕竟行李箱体积较大，价格相对较贵，邮寄过程中也易造成损坏，若是通过邮寄来修理，浪费的可不止是时间，还有精力。

在旅行之外，尤其是进行徒步、骑行等活动，建议一定要带上速干衣。在旅行途中容易出现口干舌燥的现象，为了及时补充水分，建议携带运动装饮用容器。此外，防晒产品和防中暑药物等也是必不可少的。若是去一些高寒地区旅行，记得准备好保暖和防风的装备，同时防晒工作也不容忽视。

最后，如果你希望一站式购齐所有度假用品的话，不妨在电商平台搜索的时候将目标选择为店铺，同时在店铺搜索框中输入"旅游用品""度假用品"等关键词，如此搜索引擎会很快把主营这些用品的店铺一一列出，然后便可进行具体筛选与搜索，以完成选购。

06

复古文艺风服装
搭配要点与选购指南

6.1 欧美复古风服装搭配

欧美复古风搭配最常见的有宫廷元素、田园风情、嬉皮士及学院派制服等。在这一小节中，我们来看看各式改良复古风所呈现出的不同魅力吧。

6.1.1 欧洲宫廷复古风服装搭配

◇ 宫廷灯笼袖元素搭配

在服装设计当中，人们总把泡泡袖设计和灯笼袖设计混淆。实际上，泡泡袖是指肩部有隆起形状的设计，而灯笼袖则是袖管处隆起的设计。前者主要显得可爱与俏皮，后者则更偏向于雍容与大气，这种设计也是宫廷风服饰中最常见的元素之一。

在夏季穿着的时候，想要欧美宫廷复古风服装搭配，只要购入一件带有宫廷灯笼袖设计的连衣裙即可。进入秋季之后，气温骤降，添加外套便成了趋势，而此时若是将灯笼袖的连衣裙作为打底，毫无疑问会显得臃肿，此时在内搭上只需要着一件轻薄的打底连衣裙即可。同时选择一件带有灯笼袖的小西服外套，稍有厚度为佳。

对于这种装扮，尤其推荐高腰穿法，这样可以让身形呈上短下长的样子，使人更加显高。

在内搭连衣裙上，建议选择含棉麻、聚酯纤维成分的，裙摆尽量选择比较蓬松且挺括有形的样式，如此能尽情凸显宫廷范儿的强大气场。

服装的颜色可根据天气及出席的场合来选择。若是处于工作环境当中，那么颜色要与工作环境相匹配；如果是出游、参加宴会等，则可以选择色彩明亮的服装，并且内外搭配以对比色为佳。

对于包包，建议选择精致一些的手拿宴会包，想必黑色不会出错。

如果此时你想要在装扮上更出彩一些，不妨购入与服装颜色形成对比的亮色斜挎包，如此很可能会有意想不到的效果。

对于鞋子，建议以基本款高跟鞋为首选，同时黑白双色肯定不会出错，或者与衣服颜色相统一的鞋子也不失为好的选择。

◈ 绣花/印花元素搭配

宫廷风除了凸显雍容大气之外，精致与华丽的图案也是其显著的特征。如今，在网络热销的复古宫廷风服装中，无一例外地都融入了刺绣、印花及印染等工艺元素，而此类元素的运用尤其凸显在名媛系的套装与连衣裙当中。

喜欢挺括服饰的人，建议选择欧根纱面料的服饰；喜欢缎面润泽效果的，则应选择真丝面料的服饰。针对皮肤白皙的女性，不妨试试粉水晶色与宁静蓝色的撞色组合，这种配色让人仿佛身着天边被印染的云彩，两种宁静甜美的色彩再与夺目的花纹相互交织，仿佛瞬间就能让旁观者掉入花纹的迷宫。

此外，在单穿之余还应记得备上一件带有宫廷风肩部褶皱设计的小外套，这种外套无论防晒、防寒，都能起到很大的作用。配饰推荐同色系或同面料的丝巾，同时配上一款真皮迷你手拿包，以及一双凸显气质的细高跟鞋，也是不错的搭配。

6.1.2 英伦复古风服装搭配

◇ 新嬉皮士服装搭配

　　新嬉皮士服装搭配不同于传统的嬉皮士的搭配。传统的嬉皮士装扮风格往往给人一种破破烂烂的感觉。到了21世纪，嬉皮士风格已经深入了时尚界，并且风格呈多样化发展，就目前而言，新嬉皮士搭配相较于传统的嬉皮士搭配来说，更强调一种意识形态，更偏向于一种自由个性的装扮，因此只要能将服装穿出个性和自由之感，都可以归为新嬉皮士的服装搭配。

　　短上衣与低腰裤的组合是夏季喜欢嬉皮士装扮风格的女性比较青睐的搭配，这不仅清凉还能尽情地展现自我完美的身材，同时穿出自信与不羁的感觉。

　　上衣的颜色并无限定，根据个人喜好选择即可。如果你选择浅色系的，如白色、米色及淡卡其色等，那么下装建议选择对比色的，如黑色、藏青色等，如此能和上衣形成很好的视觉反差，整体视觉上也更有冲击力，反之亦然。

　　色彩鲜明的针织无袖背心给人一种夏日热情活力之感，搭配英伦浅色格子九分裤，瞬间让整体装扮带有几分独特的异国风情。低腰式的设计还可以露出你美美的小腹，尽显健康与活力。

　　在饰品上建议选择成色良好的老式胶片相机，这无疑为点睛之笔，更添怀旧与复古感。

⬡ 欧美田园复古服装搭配

　　谁说欧美风搭配就一定要显得英气、硬朗与庄重？这里的搭配有着小清新的一面，而其中也不乏田园风。欧美田园风复古搭配区别于其他帅酷的街头风格，与日系的森女风有着异曲同工之妙。

　　说到欧美田园风，必不可少的元素便是碎花，尤其在夏季的连衣裙、上衣和热裤中，仿佛将烂漫的夏花美景搬到了服装上，让人一眼就能感受到大自然的美。

　　小清新类的服装通常以棉麻、雪纺等面料为主，营造舒适、飘逸的感觉。进入夏季，白色成为时尚人士的首选色，既显得清凉，又将人衬得纯净而高贵。上衣图案选择碎花、动物及水墨元素为佳，如此让你的身体仿佛成为一块移动的画板，而这些图案则拼凑成了写意式的山水画。

　　在服装板型上，建议选择如今非常流行且又别致的前短后长式，这种板型既保持了如裙摆般的飘逸，又凸显出下半身的修长，加上碎花热裤，更添田园风的美感。

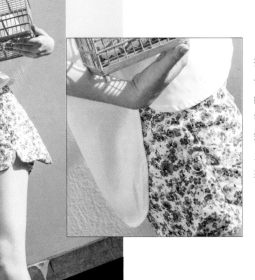

　　此外，建议根据身高、腿长来选择鞋跟的高度。其实有了上衣前短后长的设计，已经在视觉上延长了双腿的线条。对于高个子女性来说，一双镂空的平底凉鞋已绰绰有余；对于矮个子人来说，日式木屐款式的鞋子为佳，这样更能够体现出原始的生活态度。

6.2 日韩系复古风服装搭配

复古并不意味着要穿古着。在选购服装的时候，我们可以根据服装的板型、色彩及装饰等一系列的设计元素来汲取古着的精髓，将颇有年代感的元素重新搭配、组合，并加入你独特的见解与个性，迸发出新时代的活力，才最为巧妙独到。

虽说网购的服装种类中韩系与日系已经成为大热门，时不时都有撞衫的危险，但是，这韩系和日系的复古风格服装相较于其他搭配来说，却还是比较小众的，但也不乏一部分崇尚简约、古典穿搭的人的喜爱。

6.2.1 日系复古风服装搭配

不同于日系的小清新风格，日系复古的服饰更显成熟，借鉴了传统的和服款式而制成的服装，通常以长款示人，秋冬的大衣更是将"留袖"元素发挥得淋漓尽致。这里"留袖"指的是留有较短的袖管。在网购呢大衣的时候，大气板型的大衣通常是带有五分至七分袖的。

日系和服风格的服装的特点主要在于"透气"，所以在衣门襟的设计上可以自由闭合，这类的大衣可以穿出不同的造型，基本以无扣、系带及暗扣的设计居多。

日系和服风格的服装因宽松的板型非常适合"藏肉"，尤其是对腰部与臀部等局部肥胖的人，它能很好地将这些缺点一一隐藏起来，修饰出姣好的身材。

同时，此类大衣常常以深橘色、褐色或驼色为主色调，多半与黑色花纹"相融"，让人一眼就感受到温暖的古朴风情。内搭上建议选择纯色，其中以白色为佳，因为外套的颜色很重，内搭不应再以深色为主，否则整个人会显得老气而沉闷。若是选择亮眼的反色进行搭配，则能够将衣服的主次关系很好地表现出来。若是选择打底的毛衣，推荐紧身款的，这样才能凸显外套的透气感。

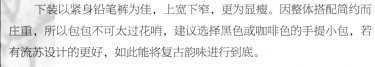

下装以紧身铅笔裤为佳，上宽下窄，更为显瘦。因整体搭配简约而庄重，所以包包不可太过花哨，建议选择黑色或咖啡色的手提小包，若有流苏设计的更好，如此能将复古韵味进行到底。

如果不想在发型上下工夫，一顶毛呢礼帽便能助你一臂之力。它不仅能为整体造型增添几分年代感与复古感，并且还能修饰脸形，与大波浪披发为最佳组合，可凸显成熟的女人味儿。

除了仿制和服板型的呢大衣，带有碎花元素的长款风衣也能凸显日式味道，上面的图案仿佛是加过黑白滤镜的樱花。如果外套的颜色偏暗，那么内搭毛衣可以选择图案多元化的，建议带有几何图案、波点撞色的，以凸显视觉设计感。

毛衣的基础色调与外套需要统一，点缀部分可别出心裁，仿佛给人展现出一幅暖冬的景象。配饰上仍旧选择带有大自然气息的色彩，橘色、咖啡色或猪肝红色都强烈推荐。

6.2.2 韩系复古乞丐风服装搭配

不同于韩系通勤与中性风的现代感，复古韩风更偏向于原生态，最能够表现这种生活态度的单品便是毛衣了。选购时建议选择别致的板型与设计元素，如此能与网络爆款区分开。将整体基调都定位明之后，接下来就尽情发挥你的混搭天赋吧，打造属于你独一无二的韩风穿着。

想来一次不一样的穿搭风格，给人营造一种不食人间烟火的感觉吗？这里推荐复古乞丐风服装搭配，这与日韩系森女风相比可谓比较偏门的一类，所以几乎不可能撞衫。

对于初学的搭配者来说，打造秋冬复古乞丐风首选大地色，也就是咖啡色、棕色、驼色及杏色等，既应景又不太会出错。上衣与半身裙的组合是相当"减龄"的，让你分分钟回到纯情的少女时代。

想要显瘦，毛衣的穿搭上不一定修身才是最好的，我们在前几章已经多次提到，直筒与宽松板型的毛衣只要将下摆塞进下装中，就能打造出复古高腰的效果。

既然是"乞丐风"，毛衣与半身裙就一定要选择有做旧装饰元素的单品，特别是流苏、毛边、不规则下摆、补丁及破洞等元素，这些元素即便只展现出那么一丁点儿，也能够让你在涌动的人潮中脱颖而出。

在整体搭配上使用渐变的效果可以达到层叠的假象，这样即使简单的单品也能碰撞出多次元的火花。

如果整体已经营造出了"破烂"的感觉，那么我们在配饰的选择上也要寻求统一，包包的颜色建议贴近上衣或半裙，其装饰元素也要与主题相呼应，古朴中不失新奇。

足部单品推荐平底牛津鞋，它的板型做到了真正的百搭，无论何种风格的搭配都使它能够很好地融入其中。裸露脚踝的穿法延长了双腿的线条，使你更加显高。

6.3 中式改良旗袍风服装搭配

6.3.1 单穿旗袍

改良过的旗袍如同连衣裙一般，在夏季单穿会很显美。不过旗袍比较挑身材，稍微丰满一些的女性穿会更显美感。旗袍也对腰围有着较高的要求，所以能够穿着和驾驭旗袍的人需要很好地表现出自己对身材的自信。

搭配旗袍时，发型可以以盘发为主，S形斜刘海可塑造出成熟女性的韵味，多见于明星出席晚宴的造型。

在夏季穿着的旗袍应以淡雅的色调为主，如此才能让人看着备感清爽，同时展现出姣好的身材。

在网购时，推荐搜索关键词"青花瓷印花""碎花印花""刺绣"等。面料可选择真丝织品，以凸显对品质的追求，让人感觉宛若一缕清风拂过，又不乏亮点。

为了尽显清爽与透气，夏季旗袍的领口可以以交领、V领为主，能露出细长的脖颈，更显优雅与美观。

此外，与旗袍相配的道具莫过于油纸伞了。在夏日的街头打一把油纸伞，既能当作防晒工具，又能够使你成为一道亮丽的风景。鞋子可以选择纯色高跟鞋，与服装主色调相呼应即可。

6.3.2 秋冬旗袍与外套搭配

　　进入秋冬季节，短袖旗袍就要与外套相搭配了，这样才能做到美丽、保暖两不误。

　　因为大多数旗袍的颜色都偏艳丽，花纹样式精美、华贵，所以外套的颜色、材质在选择上就要根据衣服的样式来决定。此时流行的针织开衫可以与之相配，选择比较复古的款型即可。配饰上，珍珠项链和翡翠吊坠深受女性青睐。

　　如果内搭的旗袍较素雅，那么外套的色彩可以适当鲜艳一些，反之亦然。

　　外套常见的面料莫过于丝绒质地，因其顺滑的手感及微反光的特点，制成服装特别显档次，这也是丝绒面料旗袍更显成熟稳重的原因。

　　为了凸显旗袍的魅力，外套尽量选择开衫样式的，长度与旗袍齐平最佳，这样内外线条统一而流畅，不会出现身体被截断的视觉感。也可以购买宽松并且容易摆出造型的披肩，如此既能当作斗篷又能当作围巾使用。

　　将复古进行到底，手包建议选择精致小巧且带有金属搭扣设计的，其中印花为花朵、图腾等元素的为首选，这些元素能给整体搭配锦上添花。

6.4 中式改良汉服风服装搭配

汉族传统服饰如今在文艺青年中颇为流行，同时我们也经常会看到各种各样的活动、帖子等都在复兴和弘扬汉服文化。提到中式改良服饰的搭配，除了常见的旗袍之外，我们还可以利用改良式的汉服装扮来满足我们复古风的穿着需求。

汉服的板型结构通常分为三大类：上衣下裳相连或者分开的深衣制，这两种穿法常见于古代帝王家或是重要祭祀典礼等场合；而第三种板型样式也是极为常见的，即襦裙制，当时的普通百姓主要选择这种穿法，也属于上衣下裳，但是没有太多的礼仪规定，配色也不会过于隆重。

当然，除了我们参加汉服复兴活动或者是去古典的城市旅游外，其他场合并不适合穿太过正式的仿制汉服，否则既不利于活动，也显得与周围环境格格不入。

那我们在平日是不是就不能穿改良式汉服了呢？其实不然，在选购时只要选择带有一些汉服精髓元素的服装搭配即可，这样既能让人感受到你独具一格的复古品位，同时也能与大环境很好地融合起来。

6.4.1 夏季汉服元素服装搭配

汉服通常以右衽款居多，所以我们在服饰的挑选上可以注意带有这样的领口、门襟样式的上衣或者连身裙。颜色以素雅的为主，选择黑色、白色、藏青色、绿色或者暗黄色的均可。

在面料的选择上，尽量选择比较有质感的，如亚麻、桑蚕丝等，这些面料的价格比普通的服装贵一些，因为原料都是由比较环保的天然植物提取制成的，做工也相对普通聚酯纤维制品更为复杂一些。

◇ 水乡风格套装

在水乡风格套装搭配中，"上衣+半身裙"的搭配组合是最为常见的，特别适合在夏季穿着。右图中的这款水乡风格的套装非常简约，借鉴了汉服右衽元素，颇具水乡民族的风情。大家去江南一带旅游时，依然能见到船娘们身穿这样的传统服装，招揽五湖四海的游客们。

同色系的民族风印花斜挎包颇具视觉感。网购时，推荐搜索关键词"民族""复古""流苏""做旧""水乡"和"图腾"等。20世纪流行的绑带凉鞋也是不错的怀旧品，网购搜索关键词"绑带""细带""鱼嘴""镂空""复古""民族"和"手工"等，追求质感的人可选择牛皮或羊皮材质的产品。

✦ 中外风格混搭套装

近年来复古风越吹越烈，其中撞色混搭更是深受人们的喜爱，它将古今中外的不同风格融合到一起，形成亦古亦今，亦中亦洋的合璧效果。

上衣建议选择带有汉服右衽元素的，而半身裙则选择欧洲宫廷复古风格的，只要在挑选的时候将整体的颜色统一即可，即便搭配并不是一整套的服装，也能显得统一，仿佛私人定制一般。

上衣的长度至髋关节以上为宜，圆弧形的下摆能够有效地遮盖肚腩。而半身裙则建议穿在高腰处，将上衣盖过腰部，这样两件衣服便能完美地结合在一起。

如果你想要穿出富丽堂皇的感觉，那么可以购买亮色系的服装，橙色、橘色容易给人明快的感觉，凸显热情奔放的个性，因此为首选。

将民族混搭进行到底，除了凉鞋之外，老北京布鞋也是网销比较受欢迎的一种款型。建议根据服饰的颜色来选择对应的鞋子色彩，如果上装比较花哨则可选择通勤黑色款，如果上装比较素雅则可选择多色花纹款。

✦ 夏季连衣裙与衬衫复古搭配

针对夏季汉服搭配，这里我们推荐一组连衣裙与长袖衬衫的搭配组合。如今长袖衬衫已经不再是打底或者气温低时才会出现在大家视野中的单品了，它能够在炎热的夏季充当防晒服，并且普通深色纯棉服装具备一定阻隔紫外线的效用，反而比多数炒作出来却完全没有防晒功能的外套实用许多。

近年来，多排扣改良的中山装深受名人、政客的喜爱，越来越多的设计师也常常在自己的作品中融入中山装的元素。很多人说中山装不能算作汉服，但笔者认为，汉服也是在演变的，既然中山服能够代表我们国人的精气神，不如就将其列入传统服饰的行列当中吧，同时加以翻新，穿出时尚，让传统绵远流长。

中山装式的衬衫与右衽领口的连衣裙可谓相得益彰，藏青色的真丝连衣裙手感似棉麻，非常能够凸显文艺风，舒适透气，质感尚佳。这种连衣裙可根据自己的身材和穿着需求来决定是否系带，可以打造出收腰和宽松两种效果。

裙子长度可以从防晒和透气两方面考虑：希望能起到腿部防晒效果的，可以选择长度到脚踝的款式；希望清爽透气一些的，建议长度至膝盖上下即可。

由于整体服装都比较古朴，所以在配饰的选择上也需要统一。包包推荐做旧款式，颜色以咖啡色、棕色为宜。

为了将复古进行到底，凉鞋也要选择返璞归真一些的，20世纪八九十年代流行的粗带搭扣镂空鞋子在此时正好合适。

◈ 宽松雪纺套装

说到上衣下裳的穿衣方式，在汉服装扮中常见的莫过于宽松的上衣搭配阔腿裤的穿法了。

尤其在夏季，衣橱里备上一两条大裤腿的居家裤不失为佳选，方便裤腿内空气流通，迅速排汗，有着降温、防紫外线的多重功效。

此时的中山装衬衫可以瞬间变汉服上衣，只需在衣服右侧用系带系往左侧即可，传统汉服通常是带有无扣、暗扣及侧口设计的。

如今，改良过的汉服多为侧面明扣设计，也方便大家穿着与固定。

6.4.2 秋冬层叠古风服装搭配

⬡ 连衣裙与高领背心搭配

对于改良式的汉服搭配，我们只需要掌握汉服风格的精髓即可，并不用穿仿制的古衣，这样太过夸张，也不利于通勤或者旅行。

在此种搭配中，长款连衣裙一直是很好的搭配能手，既可以单穿又可以打底，还能化身为半身裙。进入秋冬季节，并不意味着夏装就失宠了，或许它们能成为打造层叠风的得力助手呢！

挑选一件稍有些厚度的连衣裙，棉麻质地的优先，色彩可以素雅一些，裁剪简约、线条流畅的直筒裙为佳；太过花哨和板型独特无疑会加大外搭的难度。这也是我们经常选择"基本款"的原因。

与此同时，准备一款背心坎肩，以独特设计的为佳，如无袖但是高领的款型，这样可以兼顾换季气温起伏不定的情况，既能保暖又能单独当作外套，不至于像长袖外套那样太过厚重。

⬡ 素雅冷色系

针对层叠风古风搭配，如果上下装是同一色系的，要么选择深浅一致融合成一体的，要么选择一浅一深形成渐变的，统一中又凸显变化。

在秋冬季节，围巾绝对是既保暖又能当作装饰品的搭配利器，配合冷色系的整体造型，利用暖色系的围巾点缀出对比视觉冲击，能提升整个人的气质。

这样的搭配适合深秋有太阳的午后，而当夕阳西下，空气转凉，你就需要一款超长外套来保暖了，很多矮个子女性拒绝尝试超长大衣，认为那是高个子女性的专利，其实不然。

简单利落的板型和长度合适的超长款大衣在手，可以让矮个子女性瞬间变得高挑，又不至于显得臃肿。

为了与内搭相呼应，外套颜色可以选择黑色或者藏青色，材质以羊绒为佳，厚重的质地与垂感，可以凸显品位。

此时，包包尽量选择偏向大气的板型，可以尝试带有流苏的元素，这种元素非常具有民族风味道，而铆钉设计又显现代，两者相结合，会显得非常和谐。

鞋子选择普通的浅口靴子、单鞋便可，甚至雨鞋也可以，依据你穿着的场合而定，深色系尤佳，避免喧宾夺主。

◈ 对比色系

外套颜色的选择可以多样化，并不一定要同一色系，这里的对比色并不一定是色盘上的颜色对比，也可以是冷暖对比、明暗对比、补色与消色对比等，这也是非常不错的体验。如白色、米色等浅色，能够很好地烘托内搭衣服。

在这里，白色外套已经起到了对比、提亮的作用，此时再配上一条藏青色与白色相间的围巾，与整体配色相呼应，并融入一丝英伦风格，将混搭发挥到极致。

在包包的选择上，建议选择稍小一些的手拿包，同时加入一点现代装饰元素，这样能为整体造型注入一丝活力，避免单调与沉闷。

6.5　中式改良少数民族风服装搭配

中式改良的少数民族风很容易搭配，不过要在选购单品的时候下点工夫。在色彩上面，亮丽、撞色、图腾及花纹较多的单品都比较推荐。

当然，并不是颜色和图案越多越好，要根据制作的精美程度来选择是否优美、大气、知性，以及穿着的场合是否合适等，这些都可以列入考虑因素之内。

到少数民族地区旅游有一样单品是旅行箱里必备的，那就是披肩。

面[...]化的造型，如斗篷、上衣、围巾及头巾等造型[...]能抵御突变的天气，又能作为修饰造型的配角[...]

民族风以红色、绿色、蓝色、金色、[...]却不同于平时我们看到的"红配绿"那样显得过于乡土气息。民族风的色彩更[...]比例进行组合，不会显得突兀，会给人带来艳丽、神秘及壮美的感觉。

围巾面料可以着重选择质感好一点的[...]重沉稳，又具有弹性，便于打造出千变万化的造型。

我们在选购包包的时候可以根据整体服[...]推荐搜索关键词"民族""设计""原创""丽江""复古""手工""图腾"和"[...]"

此外，装饰型的手链在这里也能起到锦上添花的作用，尤其以串珠类的最受欢迎，凸显禅意，为整体搭配增添了一丝宁静和高贵。在挑选的时候可以选择长款的，这样既能当作手链又能当作挂件，一物两用。

6.6 中式改良年代风服装混搭

◈ 军风服装混搭

想穿越回那个激情燃烧的峥嵘岁月吗？那么不妨试试军风混搭吧，军旅制服与现代服饰的碰撞能形成强烈的新旧感对比。网络上受热捧的军风混搭就数明星陈小春、应采儿的结婚照了。如果你也想拍摄一套有趣的军风写真，就来学习一下这种穿搭的要点吧。

在内搭上可以选择海魂衫、文化印花T恤等，也可以选择可爱的小礼服。欧根纱面料的小礼服最佳，因为其挺括性非常好，能营造蓬蓬裙摆的俏皮之感，不用担心抹胸款式会暴露你的粗臂，军旅外套穿上身后立刻就会将这个缺点掩藏起来。裙装的颜色避免选购红色或粉色系的，大面积的红配绿一般人都会招架不住。为了保险起见，选择白色是不会出错的。

鞋子的颜色与身上任意一件单品的颜色统一即可，无论是军旅鞋还是现代的球鞋、板鞋，都会呈现出意想不到的创新效果。

◈ 民国海派服装混搭

英伦多件套装

民国海派服饰是非常具有年代和地域色彩的服饰，可谓中西结合的典范搭配，将层叠风发挥到了极致。它由洋人西服套装渐渐演变而来，标准的英伦多件套是最能够显示绅士风格的。

对于新世纪的新新人类来说，中性风深受广大女性的欢迎，所以多件套的层叠风穿搭已经不再只是男人们的专利。我们将比较常见且很普通的几类不同风格的民国海派服饰组合到一起，便能让它们获得新生。

除了三件套加衬衫的组合，一些女性朋友在秋冬季节往往会将衬衫替换成针织衫或毛衣，这样能够打造出新的活力。配色以黑色、灰色、白色、卡其色和土黄色为主，显得比较古朴，且带有几丝书卷气息，再配上同色系的眼镜框、平光镜，更能给整体搭配加分。

为了凸显英伦气质，套装可以选择千鸟格图案的。千鸟格图案自温莎公爵穿着风潮的兴起，深受英国贵族喜爱，在20世纪中叶被香奈儿运用到了香水的外包装盒上，从此将经典延续到了今天。不同于普通的格纹，它加入了鸟儿的形象，显得更加生动而富有视觉张力。

古风西服套装

短款西服也是不错的选择，矮个子女性也同样可以尝试这种搭配。因为这类西服上衣非常短，秉承了复古高腰的精髓，而下装西裤一定要具备笔挺的质感，这样才能够将双腿的线条流畅地展示给别人。同时再加上一双同色系踝靴，继续延长腿部的长度，即便1.5m的身高也能穿出高个子的感觉来。

短上衣与连衣裙

　　民国海派搭配并非除了裤装就别无他选，如果想将混搭发挥到极致，不如将摩登的阔腿裤换成柔美的连衣裙，这样少了一丝英气，却多了一分柔美。

　　此时，你需要一件背心或短上衣、一条垂感良好的高腰连衣裙、一件超长款大衣、一条英伦围巾、一顶画家帽及一双布鞋或护士鞋。其中，尖领式的短上衣模仿了背心与衬衫的组合，配上连衣裙，更能凸显女人味儿和现代感。

　　在这种搭配中，围巾与画家帽无疑成为了点睛之笔，你仿佛瞬间回到了民国时期，徜徉在旧上海的大街小巷之中，颇具年代感，又不失时尚。

　　长款大衣可以凸显流畅的线条。虽说是层叠风搭配，但经过外套的线条修饰，又将分散的单品组成了一个整体。大衣的颜色以大地色、卡其色及灰白色为主，撞色却不显乱。

6.7 面料辨识须知

许多中高端品牌的原创文艺风服饰店铺除了选用麻类面料制作服装外，还采用了另外一种面料——真丝。

真丝面料被广泛地运用在旗袍、夏季连衣裙及女士上衣的制作中。相信大家已有所了解，但是其细分的种类我们是否知道呢？这种面料的优缺点我们又是否了解呢？

大家在网购时搜索桑蚕丝服装的时候，通常会伴有"真丝"二字的关键词出现在商品词条中，那么真丝和桑蚕丝面料的关系是怎么样的呢？

"真丝"一词，是对几种常见的动物蛋白纤维的统称，桑蚕丝是其中的一种，此外还包括乔其纱、电力纺、锦缎、双绉、素绉缎、重绉及经编针织等，这些面料的特点都大同小异。在此我们介绍其中的几种。

6.7.1 桑蚕丝

桑蚕丝是一种天然纤维，也属于动物蛋白质纤维。因其富含十八种氨基酸和蛋白质，所以制成的服装亲肤性非常好，质感光滑且色彩亮泽，手感较为柔软，耐热性较好，有些患有皮肤病的人换上蚕丝服装和被子等，经过一段时间会有一定的缓解，这是因为其良好的透气吸湿性与营养物质对人体产生的正面作用。

不过，由桑蚕丝面料制成的服装由于面料的优异性与珍贵性，价格通常也偏高。网络上相关制品销售较为火爆的当属丝巾了，丝巾用料较一件长款女装来说相对要少，较符合普通消费者的购买能力。

6.7.2 双绉

双绉是市面上较为常见的一种以桑蚕丝为原料而制成的面料，多运用于夏季女装的制作当中，因其带有细小的皱纹，手感类似棉麻制品，且具有天然质感而深受欢迎。双绉集蚕丝的透气、吸湿性能以及穿着凉快与舒适于一体，美中不足的是容易缩水，所以我们在网购这类面料的服装时，建议挑选比平时大半号或一号的服装较为合适。

TIPS

我们在搜索双绉面料服装时，经常会看到标题中含有"重磅"二字，此为何意呢？

从字面来理解，磅是重量单位，说明很重。也就是说重磅双绉面料区别于普通面料，比一般面料厚重，且重磅真丝面料一般采用了普通面料双倍的蚕丝量，然后经过特殊工艺制成的，除了具有蚕丝原本的优点之外，还更加挺括有形，不易刮伤（普通双绉制品易刮伤，且容易变形），将前者的缺点规避掉了，重磅双绉的网络均价为200元，适合追求服装品质的人购买。

6.7.3 素绉缎

素绉缎是真丝面料中常见的一种，网购中常见的有围巾、连衣裙及睡裙等。它和双绉的不同之处在于外观，它表面亮泽，染色鲜艳，摸上去的手感非常顺滑，穿着舒适，并且抗皱效果比较好，颇受女性的青睐；不过其缺点在于多次水洗后容易褪色、缩水，所以在挑选尺码的时候可以大半号或者一号。

6.7.4 电力纺

将电力纺作为一种面料的名字并不是很贴切。大家可记得《木兰辞》里有一句是"唧唧复唧唧，木兰当户织"？描写的就是指花木兰织布。古代所使用的织布机一般是木头做的，而随着时代的变迁，更为先进的电动丝织机取代了木质织布机，因此以电动丝织机织出的面料就自然而然地被命名为电力纺了。

电力纺面料有纯真丝和人造纤维之分，此外还包括天然与人造纤维混纺的原料，其特点可参考素绉缎，因为两者极为相似。不过因其原料不同，细节处也有所差别。网购中常见于女性夏季的轻薄上衣罩衫、衬衫及老年服饰等，价格也因原料、制作工艺及品牌价值等诸多因素而相差甚大。便宜的均价在三十元，中高档的均价在两百多元，而海淘、专柜代购的知名品牌则上千元的也较为常见。

6.7.5 经编针织

经过前面几章我们对针织工艺的介绍，想必大家对针织制品已有了不少了解。以桑蚕丝为原料的经编针织工艺可谓创新十足，它非常富有科技感，既保持了针织面料的良好弹力，又兼顾了蚕丝的顺滑、柔软及舒适感，常见于具有高端设计理念的女装店铺当中。

如果你喜欢由这类真丝面料制成的服装，那么推荐搜索关键词"重磅""真丝""针织"和"桑蚕丝"等来进行选择与购买。

6.8　古着服饰的介绍与搭配

6.8.1 古着与复古的区别

随着复古浪潮大受追捧，网络上原创设计的文艺复古店铺也越来越多，不知道大家是否发现，其中一类服饰的产品标题会带有"古着"字样，那么"古着"和"复古"又有何区别呢？

在服饰、鞋帽当中，复古是一种穿着的生活理念。笔者认为，只要是仿制古人穿着的方式与款式就可以称为复古服饰。也就是说我们在做复古服饰搭配的时候，可以在新潮中寻求复古的设计元素来进行修饰，即可完成搭配。

古着是真正具有年代价值的服饰、鞋帽，它们一般都是古时候人们制作的，而区别于如今生产的仿古服饰。

除了文物古着之外，网购店铺常见的古着服饰基本上有30年以上的历史。部分产品是工厂已经不再生产，可能由于某些外力因素而积压的一部分库存，还有部分是痴迷于特定年代的收藏者收藏的这类服饰、鞋帽。

古着不是旧衣服，也不是二手衣服，基本为全新库存。一般的古着服饰不管是用料、款型还是实际用途都是非常考究的，大多经老师傅之手打磨，做工精良，而如今的部分快消服饰则显然不可与其相提并论。

经过前面对诸多面料的介绍，我们知道收纳保存与衣服的"延寿"也很有关。古着服饰因储存条件不同或多或少会对产品本身产生一些影响，它们可能出现褪色、发霉、虫蛀及变形等现象。在网购这类服饰的时候，请看清店主详情页所写的介绍，看看其中描述的古着服饰的特性是否符合我们购买的需求，或为收藏，或为独特的搭配需求，一定要区分和辨别清楚。

6.8.2 复古妆面的心得与推荐

现代妆更偏重于眼妆，而复古妆面的重点在于眉妆和唇妆，尤其以突出粗眉与红唇的张力为主，让你分分钟化身上海滩老画报中的明星模样。

在底妆上，首先要保证干净透白，这里所说的"白"区别于平时健康的裸妆肌肤，应尽可能选择色号为象牙白色的粉底或BB霜来打底，然后用散粉定妆，最后在眉间、苹果肌、鼻梁和嘴唇下部打上白色亚光高光粉，以加强脸部轮廓光对比效果，使其立体、自然。

在眉形的修整上，只要将眉毛主体周围的杂毛去除即可，随后使用眉刷由内向外进行梳理，直至眉尾都往太阳穴方向延伸即可，之后再开始描画粗眉。

在描画眉毛时，如果你是新手，不太建议使用尖头眉笔，因为技法生疏容易使你无法掌握好笔触的轻重，所以上色时也会不均匀。在这里，推荐新手使用眉粉或者眼影粉描画眉毛，用眉刷蘸粉后沿着眉毛生长的方向进行描画，由浅入深，多描画几遍，直至呈现出自然浓密的效果。如今，市面上还有一种刀形眉笔，较普通眉笔显得更加平滑，且兼顾了眉粉易操作的特点，适合初学者使用。有着丰富经验的女性可以直接用刀片将眉笔的笔尖削平后再使用。

此时，要将眼妆打造得若有似无，粗粗的眼线不太适合此款妆容，网络上俗称的"美瞳线"（即内眼线）才是真正需要打造的。将眼线笔置于上眼睑的睫毛根部，然后从眼头或眼尾开始，沿着内眼睑描画，必要的时候可撑起上眼皮，让眼睛往下看，同时还可以在下方放置一面用于观察的小镜子。眼线的长度适当即可，切忌过于上翘，那样会显得过于张扬而不够温婉。

接下来便是涂眼影，眼影色接近肉色为最佳，只为了让双眼皮显得更深邃。眼影不用晕染到眼窝，要保持妆面干净。由于内眼线不会遮挡双眼皮的褶皱，所以这里不必使用美目贴。

在自己涂刷睫毛时，刷上睫毛的时候眼睛应往下看，下睫毛则建议使用Z字形涂刷法。若是别人帮你涂下睫毛，那么只需要眼睛向上看即可，这样刷子与重力有反向作用，可以将睫毛膏有效且大面积地涂抹在睫毛上，使其呈现出自然浓密的效果。

接下来便是描画唇部了。对于新手来说，复古红唇讲究饱满与流畅的线条相结合，所以建议初学者先使用唇笔勾勒出自己的唇形，再用唇刷轻轻地一遍遍上色，直至上色均匀，唇形饱满。熟练掌握化妆技巧的人可以直接用唇刷进行勾勒，再用口红加重上色即可。

至此妆面就差不多大功告成了，先别着急停下，我们可不能以煞白脸色示人，此时腮红就开始大派用场了。

要显出老上海名媛的那种成熟、妩媚之感，又想起到修饰脸形的作用，就需要换一种腮红的涂抹方式，将腮红当作阴影粉来使用。蘸取适量腮红粉，轻轻扫在颧骨下方的凹面处，直至发际，颜色略有过渡，这样既起到了修容的作用，让你分分钟变成锥子脸，又不至于使腮部显得过于红润而夺了红唇的风头。

底妆　　　眉形　　　眼影

睫毛　　　唇部　　　腮红

妆面完成之后，不要忘了将你的
秀发盘起来。梦回老上海吧！

07

中性风服装搭配
要点与选购指南

7.1 军风/潮酷牛仔搭配

仅仅从字面意思去理解，牛仔和军风让你脑中浮现的画面便是颇具特色的男性服饰和特定的职业象征。但如今，这些元素也融入了女装的设计中，给女装带来了英气逼人的视觉感，并且以其百搭的款型深受大家的喜爱。同样的单品能组合出各式各样的搭配。

7.1.1 军风与牛仔混搭

如今的时尚界，军风元素颇受喜欢中性风格的人的青睐。其英俊硬气及百搭的板型不分男女，潮人的衣橱里总得备上一件，在防寒保暖的同时，又不失帅气！

入秋后天气转凉，昼夜温差较大，喜欢极简风格的人可以将平日单穿的长款T恤作为连衣裙打底，然后外加一件军风开衫马甲，可谓相得益彰，既保温又显出潮人气质。

天气较热的时候，大家可以不穿裤装和袜子，让腿部放松。双脚再来上一双乐福鞋，通勤中性，走路舒适而不累，同时又能有适当增高的效果，是非常实用且百搭的单品。

天气渐凉，下装可以换上打底裤。为了与英气的军风相呼应，裤装推荐牛仔系列的，如此更为休闲，并且可以在视觉上形成上宽下窄的效果。打底牛仔裤尽量选择修身板型的铅笔裤，如此会显得双腿更加纤细、修长，使得整体搭配更加协调。

进入深秋季节，军风宽松微收腰板型的长款外套特别适合与长款T恤搭配，并且内浅外深的色彩对比显得特别出挑，给人眼前一亮的感觉。

同样，此时紧身牛仔裤仍旧是必备单品，要遵循上宽下窄的对比搭配，这样会显得双腿纤细无比。鞋子可以与内搭T恤或者外套的颜色相呼应，达到统一的效果。虽然整体是混搭，但非常有章法，要做到混而不乱。

在包包的选择上，为了凸显大气，推荐购买肩背大包、手拿信封邮差包等，线条呈现矩形几何感，既满足通勤的大容量需要，又增添了时尚的味道。

7.1.2 丹宁风外套搭配

丹宁由牛仔布的英文称呼音译而来，这种粗糙但耐用的布料来源于法国的一个小镇，因法文发音比较复杂，传入英国后就简化成了Denim。很难想象，这种受各个阶层人追捧的布料，起初却是用来制作船帆的，可见时尚跨度之大。到了21世纪，更是呈现百花齐放的态势。

丹宁风除了最具代表性和广泛性的牛仔裤之外，牛仔外套也颇受人们欢迎，因其耐穿、厚实又集自由、个性于一体的特点，不分男女，统统对它珍爱有加。所以，牛仔外套也是打造中性风的"主力军"。

◈ 牛仔短上衣搭配

　　短款的牛仔布外套可以有多种穿法，打底、单穿或当作外套都能发挥其作用。尤其是在夏秋季转换的时候，作为外套，它既可以防晒，又能抵御变化莫测的昼夜温差。同时，牛仔制品中带有水洗白色工艺，成就了蓝白配色的经典，所以内搭纯白色T恤是绝对不错的选择！

　　在初秋季节，我们可以在内搭上选择T恤，而进入深秋，只需要将轻薄的短袖换成稍有些厚度的打底针织毛衣即可。由于牛仔外套一般为低领板型，所以内搭的领型可以自由选择，低圆领、V领、半高领及高领可以随心搭配，不至于出现不协调的视觉感。

　　为了凸显上宽下紧的对比效果，推荐铅笔裤板型的牛仔裤。为了增添男友风的味道，鞋子以马丁靴、踝靴这类偏中性板型的为主，让人一眼就觉得你帅气逼人。

　　如今非常流行将毛线帽顶在头上的佩戴方法，一是增添童趣和俏皮感，二是能增高身高，三是兼顾保暖性，可谓一举多得。

✪ 牛仔长外套搭配

厚实的长款牛仔外套绝对是初冬装酷的利器单品之一，不同于军风的风衣搭配，其线条流畅还带着一丝柔美。牛仔大衣的线条较为硬朗，且双排扣的设计颇受年轻人追捧，同时将复古英伦军队制服元素融入现代服装中，一点都不显突兀，更添衣服的质感。

外套如果是深色牛仔蓝，那么内搭尽量选择反色。除了白色，同一色系的偏少女情怀的粉蓝色、湖蓝色的内搭单品也可以尝试，这样能够中和太过男性化的气质，凸显内柔外刚的混搭特点。

在配饰上，不会出错的黑白双色仍旧大行其道，由它们撞色而成的高耸毛线帽是不错的选择。

需要强调的是，这类长款牛仔外套的下摆通常比较宽大，对于下盘较丰满的女性来说是遮肉的利器。这时候穿上紧身牛仔裤就不用担心露出夸张的臀部线条而影响整体中性的味道啦。

这类服装适合搭配简约的牛津鞋、踝靴及平底鞋等。在选择时可以根据下半身的比例来挑选跟高，避免细高跟，否则完全不搭调。建议尽量选择粗跟，如此才能凸显你的"男神"范儿。

7.1.3 长短牛仔裤搭配

◈ **牛仔热裤搭配**

T恤与牛仔裤可谓出镜率爆表的组合了，今天出门不知道穿什么，那它们俩一定能解决你的穿衣难问题。来到盛夏，短袖T恤和热裤是喜欢中性风格的人最爱的街头穿搭，同时，近年来复古风吹向各类服装领域，其中不乏宫廷高腰多扣元素的身影。

首先，高腰款的牛仔裤已经将你的腰线提高，重新分配了上下半身的比例，下半身无需任何修饰便能达到延长双腿的视觉效果。对于上衣，这时候我们需要将T恤的下摆塞进裤腰里吗？答案是需要依身材情况而定。其实，想要达到显瘦效果不一定必须购买修身款的T恤，直筒与宽松板型的反而能起到更好的作用。如果是选择直筒板型的，胸围与腰围往往一样，面料选择吸附性强的，这样随意叠在腰间立马具有修身的效果，并且堆叠的褶皱能很好地掩盖腰部多余的脂肪；如果是选择宽松板型的，建议把下摆塞进裤腰里，如此能形成上身宽至腰线然后突然收窄的视觉效果，非常显瘦。

鞋子可以选择跑鞋、球鞋、松糕鞋、乐福鞋和哥特风的宽头厚底凉鞋等，以偏向运动、中性的为宜。包包推荐帆布、邮差包等大气简约板型的。

热裤可谓夏秋必备单品，无论与短袖T恤还是长袖板型的服装搭配，都能碰撞出不一样的火花。尤其是在换季时，长袖卫衣更能和牛仔热裤组合出保暖而时尚的效果来。

如今换季时的T恤与卫衣设计已经融为一体，既保留了卫衣的保暖性，又凸显T恤休闲百搭的随性。不规则下摆设计能够为我们带来更多的奇趣效果。譬如前短后长，能够重组上下半身的比例，即便你身穿低腰热裤，照样能够拥有完美身段，而且若隐若现的腰部十分性感。

为了彰显青春活力，上衣可选正红色，以给你带来好气色，搞怪的卡通印花图案是增添俏皮气质的好帮手。若是能搭配带有磨破做旧或卷边工艺的牛仔热裤，则更能散发出中性不羁的味道。

◈ 牛仔长裤搭配

如今，牛仔裤几乎成为潮流搭配中不可或缺的打底单品，所以人们对于它的美观程度也有了更高的要求。其紧身的设计能够将下半身的腿形重塑，给人以完美流畅的线条，这时上衣穿着宽松或者厚重的毛衣或外套，则能与牛仔长裤的纤巧形成对比，从而更加显瘦。

进入秋冬，我们既不想多穿衣服变得臃肿又要保暖，为了达到这种效果，各种加绒的服装产品应运而生。

加绒的铅笔裤可谓爱美者秋冬衣柜里必备的单品，让人温度与风度兼顾，又不显胖，省去了秋裤加外裤的烦琐，一件便可搞定，非常符合如今快节奏又追求时尚生活的年轻一族。

不过，需要提醒大家一下，紧身的牛仔裤不易长期穿着，在家的时候尽量换成宽松的衣服，不然会对身体产生危害，压迫血管、神经。此外，不透气也是这类裤装的缺点。

如果你想解决以上问题，并且厌烦了满大街的铅笔裤装扮，又想穿出个性，复古回潮，拯救腿部肥胖，那么阔腿裤最在行！阔腿裤在臀部和裤腿处都呈宽松状，且裤脚往往呈现喇叭形，宽松的状态不会对肌肉和脂肪进行挤压，不仅穿着舒适，还能给人带来不一样的视觉享受，仿佛回到了20世纪的摩登年代。

铅笔裤讲究线条流畅，可以在视觉上拉长下半身的比例，所以即便穿平底鞋也都容易显高。和铅笔裤不同，喇叭裤很容易给人造成裤管外翻和缩短腿长的错觉，所以和它一起搭配出镜的属高跟鞋为最佳选择。

为了增添复古意味，毛衣也选择短款文艺风的为好，大地色与藏青色最能凸显中性和自然风情，并且购入一些具有书卷气息的眼镜和帽子等小道具，无疑会给你的品位加很多分！

7.2 潮酷机车服装搭配

在冷暖交替的季节，如果不知道如何穿衣，不妨在衣橱里备上一两件机车皮衣，它们和牛仔外套一样担当着换季通勤单品的重任。机车皮衣的板型非常帅气，有些加入铆钉元素的更显朋克街头范儿，能够将女性的柔美中和，很能凸显中性与潮酷感。

7.2.1 短皮衣与牛仔裤

机车皮衣可以说是万能的外套搭配单品，能与T恤、裤装、半身裙及连衣裙等相配，碰撞出各式各样的火花。

初秋正是乱穿衣的时节，忽冷忽热的天气总让人捉摸不定，夏天的衣服暂时不必收起来，尤其是T恤与连衣裙。

短小干练的短款皮衣搭配T恤特别显瘦，黑色尤其耐脏，这种搭配百搭、保暖、还环保、实用。板型上建议选择宽松的即可，可在门襟和领型上选择颇具不规则立体裁剪感的款式。

为了显得造型更具嬉皮的特点，下装可选择运用了磨破、破洞及猫爪抓痕等特殊做旧工艺的牛仔裤。如果天气并不是很凉，大家可以尝试九分裤板型的牛仔裤，露出脚踝，搭配浅口平底板鞋，显得腿部线条很长，视觉上也可以起到拉长身形的作用。

选择包包时，推荐手拿信封包，或可斜挎的迷你手拿包。或大气，或精致，根据个人喜好进行选择即可。

7.2.2 短皮衣与半身裙

如果你觉得黑色系的机车装太过硬朗，那么可以选择蓝色系的，既似水柔情、平易近人，又不乏职业干练。再配上一件暖色的通勤毛衣，如此装扮一改西服套装的严肃，更多了几分时尚动感，融合了两种性别的特征，既不会太过随意，又适合办公时穿着。

皮衣搭配半身裙，重点在于短皮衣的选购。为了突出下半身蓬蓬百褶裙的可爱感，皮衣的长度建议到腰间即可，甚至可以到高腰处，露出里边的内搭，形成外短内长的样子，这样才能使人呈现出九头身美女的视觉感。

对于钟情于黑色系皮衣的人来说，下半身的裙装除了选择可爱学院派的百褶裙之外，还可以选择颇具职业感的包臀裙。

入秋后为了防寒保暖，我们可以选购毛呢质地的包臀裙单品进行搭配。搜索关键词"英伦""格纹""高端定制"等，便能找到既工装化又不乏设计感的半身裙了。紧身打底裤是整套搭配的点睛之笔，上半身凸显秋冬的厚重，下半身略显轻盈，抛开臃肿的视觉感，还你修长的美腿。

红色与黑色的组合可谓经典中的经典，这种搭配不仅给人暖意，还能够中和硬朗的皮衣线条，柔中带刚。刚柔并济是整款搭配的要点。

格子衬衫与低圆领毛衣形成假两件套的错觉，保暖又不显臃肿，毛衣的麻花织法更是将复古味融入其中。

7.3 极简主义服装搭配

20世纪30年代，著名的建筑师路德维希·密斯·凡德罗说过一句话"Less is more"，大意是"少即多"。这种理念的主旨是提倡简单，反对过度装饰。

随着时间的推移，这句话开始广泛渗透到设计所能触及的领域，尤其在创意家居和时尚服装上大放异彩。独树一帜的极简主义穿搭个性十足，化繁为简，简约而不简单是这一主张的精髓。

7.3.1 单穿T恤

极简风格在夏季颇受欢迎，如果你对日常逛街的穿搭非常头疼，且面对衣橱里多而杂的衣服不知该如何下手，那么不妨选择一件简单的印花T恤单穿吧。

这种穿法非常适合懒人一族，简单又不失时尚。在穿着时挑选一款长度过膝或者及膝的T恤，因为不容易走光，以深色为佳。喜欢穿浅色的朋友们在面料的选择上尽量选择偏厚实和不透光的，或者穿一条安全裤，如此就如同拥有了一条连衣裙。

不过，极简的搭配是需要单品来支撑的，否则会略显单调。如果T恤上有印花，那么在鞋子与包包的颜色选择上可以与其呼应。双肩包是配合运动街头风格最佳的单品，特别显活力与学生气，非常"减龄"；太阳镜不妨备上一款飞行员反光偏光蛤蟆镜，大面积的镜片还能够有效地遮盖颧骨和部分脸颊，起到修饰脸形、显瘦的作用。

若是在深秋，遇上降温天气，只需要穿上打底裤和风衣外套便能抵御突如其来的天气变化。这种内紧外松的穿衣方法更能显瘦，长款T恤与开衫是绝佳的搭配，既凸显休闲大气，又不失时尚！

此时，包包则可换成名媛系的手提包，如此装扮，瞬间从街头潮酷变成了韩流通勤风格，更适合办公室白领一族。

7.3.2 单穿连衣裙搭配

◈ ALL BLACK连衣裙搭配

全黑风格是非常有视觉张力的搭配，在时尚界总是占有一席之地，或潮酷，或哥特，或文艺。这里给大家推荐一款极简夏季黑色搭配，一条连衣裙，一双高跟鞋与一副太阳镜，再加一个手包，便成就了一袭黑色经典搭配。

夏季，女性喜欢飘逸的服装，因此透气亲肤性好的雪纺裙受到大家的青睐。一条宽松的背心式直筒连衣裙是打造潮酷中性风格的关键，它不像大裙摆、百褶等款型的裙子那样显得十分唯美且有女人味儿。若是选择直筒简洁裁剪的裙子，则能够凸显你强大的气场。长度到大腿中部为宜，安全又不失性感；肩部附带的不规则飘带设计又是其独特之处，能降低撞衫的可能性。

为了凸显干练，手包和太阳镜建议都选择方形的，如此能营造出一种让人难以接近的"高冷"视觉感。整体的色彩能衬托白皙肤色。踩上高跟鞋，使得美腿更加修长，在逛街时使回头率猛增。

◈ 露肩连衣裙搭配

看似打底板型的连衣裙的独到之处便是露肩设计，将比较普通的背心裙变成了充满活力且颇为性感的裙装，特别适合喜欢简约风格但又想拥有女人味儿的人穿着。

收腰可凸显纤细的身材，垂感良好的百褶半裙更是遮肉的利器。如果觉得纯黑色有些沉闷，可以戴上一顶炫彩的棒球帽，并将其反过来戴，则更显不羁与俏皮。

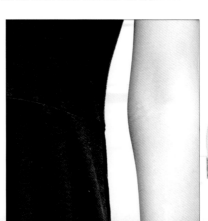

夏末昼夜温差大，此时可准备一件同色系带有缎面光泽的长款外套，能起到保暖和防晒的双重功效，与内搭的纯棉亚光质感的连衣裙对比，能很好地体现出层次感。

⬙ 秋季通勤朋克风服装搭配

朋克是摇滚乐的一种，从20世纪70年代兴起后，经过不断发展、传播和衍生，在各个国家地区有了不同的体现。

随着时间的不断推移，这一风格也融入了时尚界，颇受欧美、日韩年轻人的欢迎。不得不说的是，它散发的反叛、男性化、特立独行及不随波逐流的味道着实让不少喜欢个性和大胆的人着迷。为了不过多地往纯朋克的搭配上装扮，我们也可以中和它的夸张与不羁。

一条性感的背心连衣裙给人以健康运动的感觉，并且灰色很显洋气，增添了服装的质感。灰黑相拼仿佛柔情与刚毅的碰撞。铆钉元素的腰部松紧带设计为画龙点睛之笔，既带有金属的冷感又带有几何视觉的艺术感，让你在逛街时不容易撞衫。

夏秋季节交替，让一件既能遮风挡雨又能增添气场的通勤风衣助你一臂之力。风衣的长度可以与内搭裙摆齐平，或略微盖过，这样即便敞开大衣，也能够保持内外服装长度的统一，使得身材线条流畅。灰色的背心上衣与外套的颜色形成鲜明的对比，整体搭配和谐而统一。

配饰搭配推荐邮差信封包、亮面踝靴、铆钉粗跟鞋及长筒金属感装饰女靴等。总之，带有金属元素的单品是决胜的关键。

7.3.3 T恤与阔腿裤

复古风并不一定采用中世纪的元素。在20世纪八九十年代，妈妈们最喜欢的阔腿裤又重出江湖，成为喜欢中性宽松风格的人较为青睐的单品之一。

在20世纪，如此板型的裤子往往都是在上班时穿着的，并没有什么休闲感可言。如今，与非常现代的T恤相搭配，如同老树发新芽一般被注入了活力，两个年代穿越时空的碰撞，很是奇妙。

韩版宽松街头范儿的基本款字母T恤可谓百搭单品，与高腰阔腿裤搭配，将松垮感发挥到极致，但又不会显得臃肿，非常适合喜欢舒适和运动的人穿着。

利用两件单品把最容易显胖的部位都遮盖起来了，对腰部、臀部、腿部的修饰可谓面面俱到！

7.4　男友风宽松服装搭配

男友风，顾名思义，像偷偷穿了男朋友的衣服，这也说明衣服肥大不合身。但就因为其宽大的着装效果，反而起到了显瘦的作用，并且透出一股满满的慵懒和休闲感。有越来越多的女性选择这种穿衣方式，并将其灵活运用于通勤搭配中。

7.4.1 宽松衬衫

衬衫不仅可以打底、单穿，还能当作外套使用。我们之前已经展示过单穿白衬衫的欧美风搭配，较适合办公室白领一族穿搭。在本节中，我们为大家展示的是具有街头文化的休闲风搭配。

在夏季，男友风的衬衫可以当作防晒衣来穿，进入初秋则能当作防寒的外套来穿，真是百搭的利器。白色衬衫更是男友风的首选单品，给人以干净、清新的印象。

穿上白色衬衫，内搭背心、T恤都可以，并且不挑颜色。当然，不会出错的一定是经典黑色的打底T恤。

若觉得这组搭配太过硬朗，不如将纯色白衬衫换成带有卡通图案的设计款，这样可以增添一些趣味性，避免因纯色而使整体装扮显得过于单调与乏味。

在配饰上可以戴一根俏皮的中性风吊坠，凸显你独特的品位，集活力、创意及童趣于一身。

为了应对昼夜温差，可以再备上一件针织开衫，以备不时之需。近年来由棒球服演变而来的宽松服饰越来越受女性欢迎，利用它来营造上肥大下紧身的视觉对比，会更加显瘦。

春秋季节，给自己搭配一身改善气色的装扮，可以选择以红色为基调，以黑色为辅的方式组合。肥大的袖管和下摆能有效地遮住粗臂和凸起的小腹。

为了凸显嘻哈潮酷的味道，上衣可选择带有字母印花的款型，而下装牛仔裤可以选购带有水洗做旧、磨破及抓痕等特殊工艺的款型，为整体造型增添几分不羁之感。此时，画龙点睛的棒球帽一定不能少，它不仅使整体搭配更偏向欧美范儿，还能够修饰脸形。鞋子的选择则建议尽量偏中性化一些，以方头、圆头的款型为佳。

7.4.2 宽松风衣

◈ 韩系直筒风衣搭配

    与其说是韩系风衣，不如说是将欧美板型的风衣穿出亚洲人特有的味道。众所周知，H形直筒风衣在夏秋交替的季节颇受上班族欢迎，防风、保暖的同时，又可兼顾时尚感。

    因其直筒的板型不挑身材，特别适合微胖或者局部肥胖的人穿着。欧美人体形高大，臀部较宽，长款的风衣能有效遮盖肥大的臀部和粗壮的大腿，可谓显瘦利器，更加能够使身体的线条流畅而均匀。

    对于身材相对瘦小的亚洲女性来说，直筒大衣会使人显得非常单薄，往往很难驾驭它的宽松和肥大感，那我们就不能穿它了吗？

    答案是并非如此。在网购的时候，请留意搜索到的H形外套是否带有腰带设计。在具体穿着时我们只需将腰带系上，立刻就能打造出A字形修身并且带花苞下摆的风衣效果了。

    腰带根据个人的喜好可以将结系在腰的中部侧边或者后部，想要营造一些女人味儿就打蝴蝶结，想要营造中性味道的则将结打出随意松垮的效果。包包建议选择和内搭相统一的颜色，深色与浅色的对比搭配能够凸显出风衣主体的视觉效果。

    下装建议选择紧身打底裤、紧身长筒靴或者铅笔牛仔裤，使整体装扮呈现出上宽下窄的视觉对比，如此搭配更为显瘦。

⬥ 欧美风衣开衫搭配

　　不同于韩版的修身款风衣，欧美中性风格的风衣更加宽松而且肥大，如何在不使用腰带的前提下将整体造型打造得既显瘦又显高呢？

　　答案是关键在于内搭。在选择内搭单品时，不妨试试如今非常火爆的高腰短背心，当然了，只有对自己的身材足够自信的人才能穿，否则把肥胖的腰部暴露在人们的视线中，可不是明智之举。

　　复古式的高腰穿法可以重新分配身高比例，让你即便没有超模的身材，也能穿出九头身的视觉感。下半身若想要有理想的拉伸效果，可以选购高腰多扣的牛仔裤，以紧身小脚裤的板型为佳。在颜色上黑色是首选，比起浅色的牛仔蓝，它更容易显瘦。

　　鞋子可选择马丁靴、尖头踝靴等，颜色与裤子颜色相同即可，这样统一的色彩仿佛将双腿延展到地面，分分钟打造出高个子的视觉感。

　　至此，"心机"内搭完成，既显瘦又显腿部纤长。此时若将宽松风衣穿上或者披在肩上，内窄外宽的对比会非常明显，非常有美国20世纪60年代嬉皮风的感觉。包包可以是小型的斜挎包，或者买一台二手老相机作为装饰，更添文艺气息。

7.4.3 宽松针织上衣

◈ 欧美风宽松针织衫搭配

米字可谓英伦风格中最受欢迎的图案了，无论男女装，还是鞋包等单品，到处都能见到它的身影。红蓝白配色非常鲜亮，作为时尚设计融入日常生活中，一点都没有违和感。

由于"米"字的交叉几何图案显得锋芒毕露，英气十足，视觉上会给人非常中性化的感觉。这里推荐一款不挑身材的宽松针织衫搭配。

进入秋季，忽冷忽热的天气让人捉摸不透，针织开衫就在这时候发挥了不小的作用。针织开衫以慵懒宽松的蝙蝠衫板型为主打，适合各种人群，成为了网购针织服装的"排头军"。

因其从肩膀到袖管自成一体，所以能够有效避免出现粗臂及腹部凸出的问题，是微胖人给上半身"遮肉"的最佳款型。为了区别于斗篷装，袖管处又恢复到日常的贴身设计，这样与宽松的肩膀相比，容易显得小臂非常纤细，并且当你将双手放下时，肥大的板型被收于身后，直筒效果也立即显现出来，可谓变化多样。

下装尽量选择紧身的牛仔裤、工装裤或铅笔紧身裤。如果上下身都是宽松板型的着装，会给人太过外扩的视觉感。黑色自然是显瘦的主推色，同样可以尝试与米字主色调相近的蓝色、白色长裤。

由于针织开衫搭配的整体风格给人以宽大的视觉感，这时配饰的包包就要选择小一些的，作为点缀即可，切不可喧宾夺主。为了给造型增添几分硬朗的味道，这里推荐邮差信封包。此款包包呈矩形，其棱角感可以适当中和女性的柔美感，使柔美与刚毅并存。

如果你并不钟情于米字图案，不妨在网购时搜索关键词"条纹针织开衫"，富有设计感的条纹能够让人们眼前一亮，将注意力都集中到这些有趣的线条上去，从而忽略你身材的不足。

在夏秋交替时节，颜色鲜亮的条纹开衫更显活力，此时，亮橙色、明黄色都是不错的选择。内搭上建议选择紧身短袖或"工"字背心，肩部若隐若现的打底肩带可以带来一丝性感的味道。

◎ 韩风宽松针织衫搭配

韩风宽松针织衫不同于欧美风的印花针织衫，它更偏向于硬朗。韩风在中性风中融入了属于亚洲女性甜美的一面。可爱的POP图案在引领潮酷的同时也不忘卖萌，粉嫩的星星与蓝色相碰撞，仿佛带人进入了卡通世界。中长款的宽松针织衫可以有效遮掩肚腩和臀部，配上紧身打底裤，尽显修长美腿。

宽松的红色短款套头针织衫融入了小狗几何图案，既生动又不乏设计感，仿佛让你回到了中学时代。高腰牛仔裤增添了复古色彩，再搭配一副无镜片的眼镜框，让你瞬间变身为韩风学院派的少女模样。

7.5 层叠风服装搭配

与极简主义相反，层叠风的搭配旨在将能使用到的单品都穿到身上。夏季的层叠风服装可以彰显出青春与活力，以及张扬的个性；秋冬季节的层叠风服装则更多的是为了保暖。这样的特殊搭配需要讲究章法，否则会显得身体臃肿而没有层次感。接下来，让我们一起来看看不同季节的层叠风服装搭配需要掌握的技巧。

7.5.1 日系夏季层叠风

日系的许多搭配都借鉴了由欧美传入的时尚元素，结合日本本土的流行文化，从而融合成了全新的潮流艺术。譬如学院派的层叠风，它体现了率性不羁及慵懒的生活态度，加入日系的可爱元素，立刻变得柔和。相较于硬朗的中性风，多了一丝俏皮感，少了一些冷峻感。

如今，喜欢运动服装风格的人越来越多。因为运动风显得阳光、健康、向上，凸显了人的活力，所以内搭运动内衣成了不少潮人必备的打底单品。无论是露出肩带，还是配合微透、镂空的服装穿着，都能够起到防走光又美观的作用，还能带来几丝隐约的小性感。

如果你对自己的身材足够自信，那么衣服短一点也没有关系，露肩的宽松短T恤正是你需要的点睛单品。你可以尽情露出纤细的腰部，羡煞旁人！

如果习惯了T恤与牛仔裤的组合，不妨尝试一下新鲜的下装搭配。一款带有别致设计的日系包臀裙会给你的整体造型带来意想不到的变化，独特的假拼接袖设计仿佛将上衣系在腰间，在视觉上起到了层叠的作用。

为了使整体搭配更为甜美，鞋子可以选择偏向公主、洛丽塔风格的凉鞋；同时，棒球帽也可选购带装饰耳朵、翅膀等元素的，这样会让你显得特别萌。

7.5.2 欧美学院层叠风

在学院派的欧美秋冬层叠风中，出镜最多的单品就要数打底衬衫与套头毛衣了。无论外套、下装怎么变化，这种组合都是经久不衰的。

根据自己的喜好来选择内搭的衬衫，纯色的偏向美国街头风格，格子的则偏向英伦风格。在前面我们提到了英伦层叠风的搭配，那么这里就来说说美国街头风格的层叠风搭配。

衬衫材质推荐选择纯棉、雪纺面料，亲肤性强，适合打底。外搭选择圆领或者V领的针织毛衣，以宽松直筒的板型为佳，既舒适又能营造慵懒的惬意感。

通常，毛衣是带有复古麻花元素的，我们也可以选择有着不规则设计感的花纹毛衣，将混搭撞色运用到极致。将衬衫的领子与下摆露出，起到外短内长的效果，并且让人乍一看以为你正穿着一件拼接的假两件套，不会显得臃肿或杂乱。

下装建议选择百搭的牛仔裤；外套有多种多样的款式可供选择。如果你更喜欢英伦风格的，不妨选择军风外套、牛仔外套及机车皮衣等。

根据季节来选择鞋子的款型。初秋可以穿板鞋、乐福鞋，初冬则可以穿上带毛边的保暖款式的马丁鞋或裸靴。颜色要与整体搭配的某一件单品相呼应，否则会显得整体搭配没有章法，而且颜色太多会很难驾驭。

◈ 冬季层叠风服装搭配

　　进入初冬，温度会比深秋季节低10℃左右，这正是薄棉衣独领风骚的时节。此时可以挑选一件与内搭同一色系的紧身棉袄搭配，整体色调统一，且具有独特气质。

　　由于内搭是较浅的牛仔蓝色和白色，所以外套的配色可偏重一些。衣服可选择面料为防风效果较好且带有外涂层的棉衣。

　　如果你是步行或骑车一族，对于空气流动带来的冷空气比较敏感，则一定要做好保暖工作。这时候一顶厚帽子便起到了阻挡大风的作用。比较推荐户外专用的雷锋雪地帽，这种帽子既带有硬朗的军风又能为你提供全方位的防护。

7.6 派对夜店服装搭配

参加派对与逛夜店的穿衣打扮并没有太多条条框框，随性即可。也可根据派对当天的主题来打扮，活泼、性感、搞怪、张扬是主要的搭配风格。

派对和夜店的环境可以让人们尽情享受，穿着不必太过正式与刻板，可以说平时我们不敢尝试的所谓"庸俗"风格，到了这里可能正合适。

大家知道，"黑丝"在网络上被封为性感的代名词之一，但黑色丝袜在通勤装搭配的时候如果穿着不当，就会给整体造型带来毁灭性的后果。但在夜店却刚好相反，平时对黑色丝袜的一些穿着"禁忌"，到了夜店可能都会被欣然接受。

短上衣、热裤、丝袜及超高跟防水台单鞋组合，这些平日里我们认为廉价、庸俗的装扮，在夜店里就会变得时尚而不失个性。只要配色得当，比例合适，同样有着演出服装的效果，便会让你仿佛是姗姗来迟的驻唱歌手，吸引着人们的目光。

为了增加俏皮感，不妨准备几副颇有特色的夸张道具眼镜，还能当作面具使用，一举多得。

整体搭配为红白色调，高腰的下装让你的下半身得到延长，加上超高跟的鞋子，就像一句网络语"胸部以下全是腿"，描述的大致就是这样的搭配吧！

7.7 服装面料与选购技巧

7.7.1 牛仔布

　　一直以来，市面上的牛仔布以全棉质地的居多。随着时代的发展，牛仔布的制作工艺也在不断创新与改善，目前市面上除了有全棉质地的牛仔布面料外，还出现了一些棉与其他天然纤维混纺的面料，以及与人造丝混纺的面料，如能够增加弹力的氨纶（人们耳熟能详的氨纶面料是由德国拜尔公司研制成功的，后来由美国杜邦公司生产并注册了商标，莱卡就是其中一种氨纶面料）。这样也就迎合了女性对于塑形的要求，还满足了网购一族希望均码通穿并且能够迅速下单完成购买需求。

通常，较为高档的牛仔服装采用丝光竹节牛仔布制成，其手感比较顺滑，质地柔软且有光泽。当然，价位也高一些。

在网购店铺中出售的牛仔服装通常是由平价的全棉竹节牛仔布和斜纹牛仔布制成的。前者亲肤性好，也较厚实，并且纯棉的水洗效果比较好；后者的厚度适中，纹路较为清晰，颇受各个年龄段的人的欢迎。

还有常见的翠蓝色牛仔布，学名"溴靛蓝牛仔布"或"硫化黑色牛仔布"。

此外，在个性化需求日益增加的情况下，经复杂工艺生产出的彩色牛仔布裤装成为网购一族喜爱的对象。彩色牛仔布多见于紧身打底裤等服装的制作中，满足了我们日常对不同色彩的上衣的搭配需求。

说到牛仔布就不得不说说其服装制作中附带的水洗工艺。常见的水洗工艺包括水洗、石磨、酵素洗、化学洗、雪花洗（洗出如同雪花一样的星星点点，蓝白相间）及须状洗（如同磨出猫咪的胡须、爪子等形状）等。

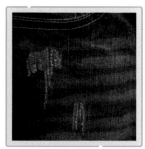

以上所介绍的水洗工艺都是经过机械化的洗涤来制作完成的，有的是单纯的机械化水洗，有的是在水中加入了砂石、化学助剂等用料，从而达到褪色、染色、磨破及做旧等特殊工艺效果。

7.7.2 PU皮

我们在网购的时候，经常能看到皮衣商品的标题中含有PU字样，而实际上，我们有可能对此一无所知。那么，PU到底是什么，有何特性呢？

Polyurethane是PU的全称，意为聚氨基甲酸酯。PU皮通常是指由超细纤维和皮革制成的一种面料，可以说是最好的再生皮。（普通再生皮一般是由回收后的一些边角碎料、废料经再加工而制成的，广泛运用于各种皮具，通常以辅料的身份作为产品的夹层、附件等。）如今PU皮已经成为了替代天然皮革的理想产品，通常制成的服装价格较真皮服装要低廉许多，因此深受年轻人的喜爱。若搜索同等材质与板型的宝贝，网络均价在百元；如果稍加原创设计或选料上等的PU服装会在几百元上下，较动辄上千的真皮制品来说更实惠。

从20世纪50年代开始，PU开始被运用于织物表面。现今，PU相关工艺技术得到了创新和改良，人们为PU面料赋予了一些新的特点，即透气、耐磨、抗寒、环保及外观靓丽等。支持购买PU制品无疑也是响应"没有买卖就没有杀害"的倡议，保护动物，保护大自然应从每个人做起。

在平日里，一定要注意对PU服装的洗涤与保养。建议PU外套使用垂挂或者用包装包裹的方式储藏。清洗前请先阅读里衬内的提示标签，有注明不可干洗、熨烫的，则绝对不能随意清洗。水洗的时候我们需要注意将水温控制在40℃以下。不可暴晒，不可接触某些有机溶液。

7.7.3 针织面料

在第3章的针织毛衣与抓绒工艺内容中，我们已经初步介绍了针织工艺，现在我们再来说说目前网络销售量爆表的针织衫。针织衫因其轻薄时尚、花样繁多及用途广泛而深受不同年龄段的人的喜爱。除了在季节转换中它能充当过渡好手之外，夏季的防晒罩衫中也有它的身影，当搭配比基尼、吊带背心时，内搭若隐若现，性感极了。

针织衫的原料也是多种多样的，基本可以涵盖常见的人造纤维和天然纤维等原料。针织衫的织法也可以分为经编和纬编两种。

网销针织衫的价格根据面料用料面积的不同而差别较大。纯人造面料与纯羊绒质地的针织衫价格相差悬殊，由普通人造混纺面料制成的针织衫售价大多在30元~150元。大家在选购的时候可根据自己的购买能力和特定的需求来筛选。

如果你选购的针织衫的装饰性大于实用性，或者是为了换新衣，或者搭配其他常用服装而买，且更换较频繁，建议选择普通面料的即可。在第8章羊绒面料的内容当中，我们还将介绍如何选购羊绒衫，大家可以详细了解后再自行购买。

如今，网销搜索与成交较为靠前的针织衫所在地主要集中于江浙、广深一带，几大针织生产基地有浙江省嘉兴市的桐乡市濮院镇、浙江省杭州市、江苏省苏州市的常熟市辛庄镇、江苏省苏州市吴江区的横扇镇、广东省东莞市的大朗镇、山东省青岛市的即墨市、河南省安阳市及河北省清河市。

7.8 潮牌选购、海淘及代购技巧

不想随波逐流，不想穿着满大街都有的、撞衫概率极高的爆款服装，潮牌服饰则不失为一种"特剑走偏锋"的选择。潮牌概念兴起于海外，不少海淘一族对此有所了解。接下来，我们就来讲一讲选购潮牌时会涉及的海淘与代购的一些技巧。

7.8.1 潮牌选购

不追求品牌价值的消费者通常只需要选购普通单品后再进行搭配即可。

如果你想穿出更加独特的感觉，并且避免撞衫风险，那么推荐购入一些较受年轻人喜欢的潮牌。潮牌不同于传统时装品牌，其价值和影响力远不及它们，但更为亲民。它们拥有较为接地气的设计师团队，相对于高大上的奢侈品牌更贴近网民的生活。

与普通设计款的不同之处在于，潮牌款服装更能凸显设计师独特、张扬及夸张的设计与生活理念，以嘻哈街头风格、户外极限运动风格及夜店风格居多。潮牌在网络上有一批死忠的追随者，常常会在自媒体平台发布新品设计信息，并与粉丝们进行互动，以此了解粉丝们对下季新品的期待与需求，从而进行指定性的改良设计。

在网络上选择潮牌款服装时，如果你对品牌并不是很感兴趣，那么只要搜索关键词便可以了。

首先，推荐搜索关键词"潮牌"二字，这样基本能够过滤掉一大部分平庸设计款的跑量服装；其次，推荐"恶搞"二字，这类服装的设计理念通常基于设计师对于平淡生活的自嘲或者对于某些事件不同观点的发声，也有的纯粹为了吸引人们的眼球而设计的奇怪板型或带有字母图案等元素的服装；接着，我们可以按照服饰的材质和装饰元素的关键词来进行搜索，如"铆钉""流苏""破洞""补丁""贴布""亮片""漆皮"等，也可以将这些关键词与"潮牌"二字组合进行搜索。

潮牌设计较为集中的服装类型包括背心、T恤、卫衣、棒球服、下装和鞋子。

7.8.2 海淘

潮牌集中于日本、韩国、中国香港及美国等地，日韩潮牌均价略贵，中国香港与美国的潮牌都比较亲民。尤其是美国的潮牌，这或许是因为欧美人的身材特点，并不一定要身穿大牌，简单的T恤和牛仔裤便能穿出高街味道。潮牌更多的是要诠释年轻、张扬的个性及生活理念，相对于国内或日韩品牌的小众化，它们更为适合快消。

这些品牌的官网或电商平台在做活动的时候，折扣非常大，折合成人民币要较国内专柜便宜许多，因此囤货、拼单都是不错的选择。

想要海淘，首先你要对自己喜欢的潮牌有一定的了解，包括它的企业文化、市场定位及适合的年龄等情况。然后，将潮牌的官方网站或电商平台的网址保存到收藏夹中，以便今后查阅。对这些国家的官方语言要有一定的了解，基础实在薄弱的人可以借助在线网络翻译工具进行翻译。

将自己喜欢的并且大致确定需要购买的服饰、鞋帽放于购物车中，以便经常查阅相关产品的价格变动。如有必要实时跟踪，可选择订阅折扣提醒服务，品牌方通常会将优惠信息发送到你注册账户时所使用的邮箱。由于很多国外网站发送过来的邮件会被误标为垃圾邮件，要谨防误删，可提前将其设置到信任名单中。

我们需要时时关注汇率的变动，如果你选购的产品在各国的电商连锁平台都有销售，那么可根据自身情况，对可以等待的产品，根据汇率换算后加上税费和物流运费选择最优惠的平台下单，提前申请好双币信用卡等支付工具。如对此不熟悉，可以尝试下单后等网页跳转到支付页面，上面会列出支持的支付方式，根据这些再去银行申请开卡业务即可。

与在境内网购一样，我们需提前查阅过往买家对商品的评价，其中关于尺码方面的信息可以忽略，因为各国人的身材特点差异较大，参考价值较低。（在后面的"代购"小节中会对尺码问题进行具体补充。）此时我们的主要关注点可集中在物品的包装、质量、耐用程度、物流配送及售后维权评价等方面。

在物流的选择上，可根据自身需求来定。对于时效有着高要求的购买人群，可在下单时勾选直邮服务或电商平台合作的优质第三方物流公司配送，这样能够有效减少等待收货的时间，较普通转运有着较好的时效保障。不过前两种运输方式价格会高于转运，因此并不那么注重时效的消费者可选择普通转运。

此外，这里还涉及清关的速度，不同的转运公司会选择不同的清关口岸，每个清关口岸对货物的要求也不同。碰上各国海关节假日暂时停工或一些政策上的变化等，收货时间是不可控的。关于清关的问题，大家平时可以多上这些海淘相关的交流社区，学习他人的经验，结合自身情况再下单购买。

这里需要注意的是，国内卖家也可能会在境外网站开设店铺，所以下单前请务必检查卖家的所在地，明确货物从哪里发出。如果你想避免购买到国内卖家的产品，那么在挑选的时候请勾选"平台方自营"选项。

如今，不少国外品牌的实体专柜都已经进驻到了我国的电商平台，这就为国内买家解决了语言、汇率及税费换算等一系列问题，使得海淘也更加便捷。

不过，海淘有风险，也有个别丢件的现象，所以在选择和购买时，建议最好找一些比较靠谱的转运公司进行配送。

在海淘的打折活动当中，非常著名的算是"黑色星期五"购物节了，大家可以在活动期间提前将自己心仪的打折商品放入购物车。不过参加"黑色星期五"购物节往往需要倒时差进行抢购，各种攻略可以在网上进行搜索，相信很多海淘前辈们在上面提供的一些信息能给你不少帮助。

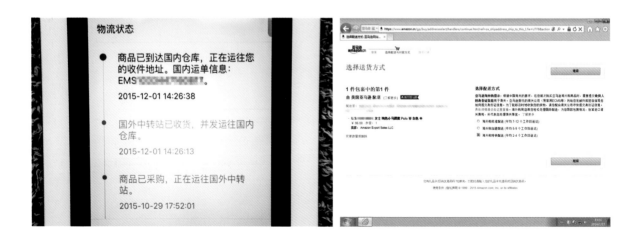

7.8.3 代购

代购，即代为购买。目前此种购买服务主要针对一些地理位置不佳、语言不通、身体不适、不会使用电脑或手机上网的人群。除了违禁品不可代购以外，只要消费者有需求的商品基本都可以通过代购完成交易。

代购有别于海淘，海淘是自己前往海外电商平台下单，整个购物过程可谓一气呵成，与在国内网购没有区别。但代购涵盖了国内外各个领域、各种形式，不局限于网购。

在本小节当中，我们将着重讲一下海外代购服装与专柜代购服装需要了解的小知识和防骗技巧。

海外代购

海外代购分为很多种类型，较为普遍的则是官网代购、"个人人肉"代购及企业集团代购等，也可以分为现货代购与非现货代购。现货代购基本上是指卖家根据国内消费者购买需求提前囤货；而非现货代购则更加准确地诠释了"代购"，它是一种服务，卖家等消费者下单后帮忙跑腿完成后续的交易，这个类型通常不支持七天无理由退货。

为了尽量缩短消费者购买海外商品的收货时间，如今新开辟的不少保税区发挥了很大的作用。在一些电商平台中，入驻提供代购服务的商家会将在海外采购的产品以集装箱形式运送到保税区，然后通过电子口岸形成进入境内的备案清单，最后把这些产品存入仓库。这也是我们现在频繁看到的"保税仓"一词的由来。

买家选择这类店铺里的商品进行下单，就如同在国内的店铺下单一样，产品会直接从保税仓库寄出，速度和平时网购没有什么区别。而且大部分价格不是很高的产品对商家免征行邮税，这样一来不仅降低了卖家的成本，消费者也享受了极大的优惠与便捷的服务。

还有一类实体与虚拟结合的"互联网+"代购服务，目前在小部分城市开通。买家可以到相应的实体店专柜挑选海外商品，看得见摸得着，门店提供试穿、试用等体验服务。但是门店的展示商品往往是无法出售的，买家体验完毕之后通过扫码等方式获取在线支付方式，随后由门店所使用的保税仓库将产品发出并寄送到买家的收货地址，从而完成交易。

韩国代购的选择技巧

　　想必在各种代购中，"韩国代购"几个字十分常见，但正因为如此，此购物圈也鱼龙混杂，较显混乱。大家在购买这类网销服装的时候，一定要多加注意。

　　首先，"韩国代购"在网购搜索词当中是一个典型的关键词，从最初针对海外代购服务演变成了今天全网商家都在使用的词汇。有些商家为了沾这个关键词搜索频率的光，把原本非韩国代购的服装也描述成此类型，从而误导消费者购买。

　　当然，如果你只是抱着购买韩式服饰的心态，那就另当别论了，但如果是对购买正品韩国代购商品有着特定要求的消费者，则建议首选带有全球购认证标识的店铺。如店主为官网代购，买家可提前前往该韩国品牌官网进行查看，核实店铺宝贝详情是否与官网一致，价格、折扣优惠信息是否同步等；如店主为非直邮代购，那么在购买商品后一定请卖家提供转运单号，以便随时查阅商品配送信息和物流情况；如店主为非品牌官网代购，而是实体商场或类似"东大门精品店"等形式的代购，可向卖家具体询问相关信息，并且索要定位、购买小票及发票等凭证。不过，以上信息在"黑心商家"那里很容易造假，通过熟人或者旅居本地的人来代购则较为靠谱。

关于尺码

在前面我们已经提到过日韩女装的尺码详情。如今，在大多数韩国服装中，最为流行的是均码，即FREE-SIZE，通常缩写为F，日本码则是M（如今也有不少标注为F的产品）。

除了均码，韩国基本尺码为44、55、66、77、88（88码的服装产量很少，因韩国人体形普遍偏瘦）。日本码最常见的用法和国际标准码差不多，最常见的为S、M、L、LL、XL、XXL、3L、4L和5L，女装基本以S~LL居多，而其修身款式往往比国内的服装小半码。韩国码也是如此，韩国女性的身材较中国人而言更为娇小一些，所以在下单前查看服装尺码的时候，如果数据刚刚好，可选大一码的，如此即便衣服洗涤后出现缩水现象也依然能穿。

在日本代购中，目前最为火爆的是丝袜、压力袜等单品，常见的尺码为S~M、M~L，以及L~LL，对应的是身高与臀围。其中L~LL一般为最大码，适合身高155cm~170cm、臀围90cm~103cm的人穿着。（具体的尺码标识因品牌不同会有所出入，应以实际情况为准。）然而，常见的欧美尺码主要以美国码、英国码及澳大利亚码为主。

以下是国际女装上衣标准码与不同地域类型的女装上衣标准码的对照表。（粗略换算，生活中实际服装细节处会略有不同。）

国际女装上衣标准码	韩国女装上衣标准码
XS	44
S	55
M	66
L	77
XL	88

国际女装上衣标准码	美国女装上衣标准码
XS	0~2
S	4~6
M	8~10
L	12~14
XL	16~18

国际女装上衣标准码	英国女装上衣标准码
XS	6~8
S	8~10
M	12~14
L	16~18
XL	20~26

国际女装上衣标准码	欧洲女装上衣标准码
XS	34
S	34~36
M	38~40
L	42
XL	44

TIPS

在海淘日本的鞋子时，特别需要注意其"尺码"的问题，因为日本鞋子的尺码往往使用的是"脚长"，即按长度单位cm或mm计算。在下单前请务必使用软尺测量一下自己的脚长，并且在商品的尺码表一栏找到对应自己脚长的尺码再进行购买。

常见的欧美尺码主要以美国码、英国码及澳大利亚码为主。与日韩尺码相反，美国人的身材较亚洲人的身材高大许多，所以无论是在购买外贸尾单时，还是海淘当季服饰时，请注意其尺码至少比我国标准码大1~2个码。以0~2码为例，相当于我国女装尺码S，0~2可分为0和2，通常它们的共同点在于肩宽、腰围和衣长都相同，唯一不同的是胸围，S号服装的胸围往往会比国内服装的胸围大。我们在下单前务必阅读其平铺测量后的数据，可直接忽略它们的尺码推荐。

⬡ 直购服务

官网直购

可以说，万能的淘宝一直在刷新它对于"万能"的定义。目前淘宝网的全球购旗下又新推出了"官网直购"服务，为广大有海淘需求的"剁手党"们解决了海淘中的语言翻译、汇率换算、增值服务及价格计算等问题。在官网直购服务当中，除了需要买家填写并确认信息之外，购物流程与国内网购没有太多差别，并且支持支付宝付款，买家们再也不用头疼申请双币（人民币与美元）信用卡和购汇还款这些琐碎的事情了。

实际上，官网直购等同于买手为意向消费者们提供的一种海外官网下单代购服务，流程和普通店铺几乎没什么差别。但在这个平台上，针对一些淘宝网的独家合作物流商，往往会提供破损、丢件理赔等一系列服务，购物全程代购卖家几乎不会碰货，因此在海外官网原链接下单后，由海外商家或平台直接发货便可完成购买，交易的保障性也较高一些。

目前，直购业务几乎已经覆盖了70家海外电商平台，包括知名电商与知名品牌官网等，满足了消费者多种选择和购买需求。

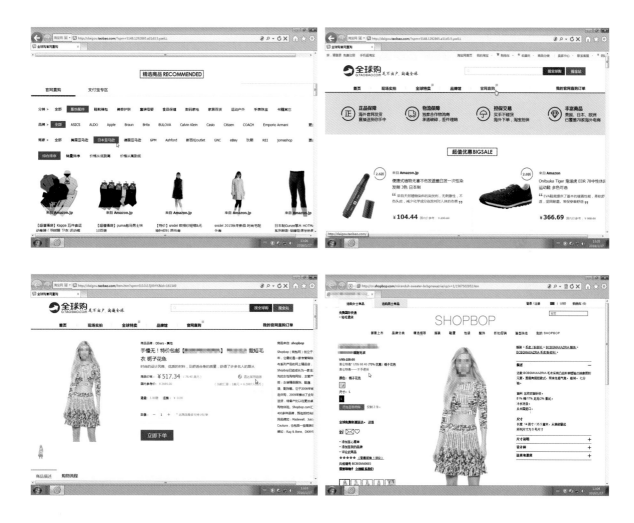

进口直购

目前，在亚马逊中国的官方网站上，也开辟了"海外购"业务，即进口直购。目前支持的主要为亚马逊分布在全球各国的分站。与淘宝网的"直购"业务不同的是，在亚马逊中国的官网中进行海外购时，不需要通过买手下单，而是直接通过买家下单，则默认从所在国的平台直接进行发货，且适用于一切他国法律约束与平台制定的条例。

⬡ 专柜代购

专柜代购是专门为钟情于实体店传统品牌购物的人服务的，此种服务所连带的每个品牌都有其目标城市，并不一定在全国"开花"。专柜服装的库存数量相较网络单款宝贝动辄上万的库存量来说显然少了很多，又因其需要均匀分配给每个门店，因此出现门店之间互相调货的情况也是常见的。

举个例子来讲，某市买家因自己心仪的专柜服装售罄而苦恼，这时若是寻求网络专柜代购，在网购平台上输入品牌名称、货号（这个非常关键，只有提供货号才能购买到同系列的服装）后，或许会匹配到其他城市的代购买手发布的专柜代买信息。

TIPS

一般情况下，由于专柜代购中的商铺一般在线下也有商品销售，所以卖家在网店中的库存信息通常是不准确的，买家购买前最好直接咨询店主是否有现货或者是否有时间提供代购服务，咨询妥当之后再考虑是否下单购买。此外，许多买手店铺不支持七天无理由退换货服务，所以大家在购买前一定要看清楚商品的所在店铺。

关于代购商品的价格可谓千差万别，对于海淘的保健产品，我们有时候用肉眼是无法分辨出真假的，"黑心商家"回收真品外包装，掺假后再出售也是有可能的。而对于服装，我们可以从三标信息入手，对应一下与自己之前专柜所记录的数据或者拍摄图片中的货号标注，以及条形码、专柜价格标签等信息是否一致。

专柜代购服装商品当中的销售价格往往是根据商场和品牌方制定的不同促销折扣而定的，全国或者海外各国都不尽相同，所以其相差几十至一两百元也是有可能的。

以国内专柜代购为例，若是专柜代购商品中的价格低于原价的五折就要小心了，通常品牌方在换季或者撤柜前清仓时才会出现超低价，而在其他时段若其服饰出现价格过低的现象，则需警惕它是否为山寨品。

08

节日风服装搭配
要点与选购指南

8.1　万圣节风服装搭配

万圣节不同于中国的中元节（俗称鬼节、七月半），中元节目前主要用来追思逝者，而西方的万圣节是一个把自己打扮成妖魔鬼怪的样子以把死人灵魂吓走的节日。这种文化已融入了一些流行元素，人们在节日当天穿上各式各样的奇装异服，或者做出COSPLAY等造型，在街上游走或出席一些相关的活动，这几乎成了人们一年一度的狂欢盛典之日。

8.1.1 哥特萝莉风服装搭配

哥特一词源于欧洲，随后传入日本，经过融合形成了独树一帜的艺术风格，覆盖了很多艺术领域，最为明显而富有特征的便是哥特萝莉风的服装搭配了。

哥特风搭配给人的感觉偏向黑暗与神秘，萝莉风搭配则更显阳光与可爱，而这两者的结合便可产生极强的视觉冲击力，仿佛魔鬼与天使集于一身。这种搭配通常以黑白配色呈现，装饰元素以蕾丝、绸带等居多，配饰则以十字架、红黑色蔷薇花居多。

如果你并不是COSPLAYER或者COSPLAY的发烧友，但又很喜欢哥特萝莉元素的搭配，那么将平日里韩系学院的单品混搭一下便能产生通勤的装扮效果，既不显夸张，又起到亮眼的作用。

选择一件白色长袖衬衫打底，外搭背带黑色半身长裙。在材质上尽量以轻薄为主，因为裙摆飘飘更能体现整体的哥特风。都说超模、明星都自带吹风机功能，走到哪儿都有时尚的旋风包围着他们，其实衣服选对了面料你也可以做到！

为了保持整体搭配的统一，鞋子与包包都建议选择黑色系。百搭的牛津鞋永远不会出错，它们是学院派搭配单品中经久不衰的宝贝。包包以复古的为佳，因为哥特风包含了很多欧洲宫廷风的元素，中世纪的那些元素如果能够加入整体搭配中，无疑会成为点睛之笔。

发型主要以可爱风为主，推荐双马尾盘成的丸子头或者带有刘海的波浪长发，选择后者的话可以佩戴哥特风的蕾丝发箍作为修饰。

最后，不要忘记能使整体搭配偏向哥特风的道具，那就是领结。这种装扮若没有领结的点缀，仿佛失去了灵魂一般，仅仅成了一套韩系学院派的通勤装束；若配上领结，整个人的气场就完全不同了。如果你没有合适的领结，不妨使用夏天雪纺裙的黑色腰带，简单DIY一下便可成型。

8.1.2 夜店COSPLAY派对服装搭配

对于万圣节来说，并没有特定的装扮，一般是喜欢什么样的服装就打扮成什么样。当然，COSPLAY无疑是这个节日最受欢迎的穿搭方式之一。

你可以COS任何一种需要穿制服的人、漫画超级英雄、卡通动植物等角色。只要想得到，简单地结合平日的穿搭原则与方法，就能够打造出一身好造型。

这里推荐一款适合去夜店开变装派对的搭配：兔女郎装扮可谓经久不衰，或可爱，或性感的造型颇受萌妹子们的喜爱，同时也深受宅男们的倾慕与欣赏。从前，日本有一档真人秀节目叫作《超级变变变》，里面为过关选手颁奖的礼仪小姐就统一穿着兔女郎服装。

通常，兔女郎的服装以粉色系为主，特别显嫩。不过为了与"鬼节"应景，我们不妨选择哥特风格的黑色系制服，营造"高冷"女王的感觉。

此种装扮除了需要性感的上衣，还需要佩戴高耸的兔耳朵发箍及长筒手套。为了凸显哥特风，脖子上的装饰也必不可少，领结或是细带小项圈都是不错的选择。为了增加在派对前的神秘感，不妨再备上一款面具。鞋子的色彩与全身相呼应即可。

8.2 圣诞节与春节服装搭配

近年来，随着国与国之间频繁的经济文化往来，原属于西方的圣诞节也开始融入中国。商户们也看准了商机，在节日当天或临近时进行节日促销活动，以吸引消费者们购买，渐渐地国人也习惯过这个喜庆的"洋节"。

与我国春节一样，圣诞节也是辞旧迎新的节日，所以这两个节日的穿衣搭配也有许多的共同点。中国红与圣诞红可谓不分伯仲，成了节日的主色调，其他配色以应景的黑白灰最为常见，这些元素结合起来，既符合季节的特征，又增添暖意与喜气。

8.2.1 喜庆红毛衣搭配

◎ 红色开衫搭配

在圣诞节或春节时，红色可谓主打色系，其中不乏红色系针织开衫与套头毛衣。它们作为搭配单品中出镜率最高的服装，颇受年轻时尚女性的青睐。

韩式宽松开衫是网购浪潮中的"领头羊"，它不同于职业装的修身，为了营造学院派的慵懒、惬意及闲适之感，它们常以直筒和蝙蝠袖的宽大设计出现在网友们的面前，同样也成了用来"藏肉"的理想单品。

在第3章的面料小节中，我们对毛衣面料已经有所了解。粗针棒织的毛衣松软肥大，适宜作为外套穿着，因此在网购的时候，可以搜索关键词"宽松""韩版""复古""文艺""学院""蝙蝠袖""粗针""手工""麻花""镂空""毛衣外套上衣"等。

这类服饰大多以低领为主，与尖领衬衫成为最佳的搭配组合。而带有麻花针织法的毛衣具有复古感，仿佛瞬间让你回到妈妈手织毛衣给自己穿的那个温馨的年代。

与整体学院派气息相符合的便是双肩包了，因整体搭配偏暖，我们可以选择同色系的大地色日风包包，这样比较偏森系，接地气。如果你是朋克风的追随者，那么可以依照黑白红的配色原则，选购黑色的双肩包即可，同时带有铆钉金属元素设计的更佳。

◈ 套头红毛衣搭配

圆领套头毛衣是层叠风搭配的好帮手，内搭打底衬衫，露出衣领或者下摆，极显随性。下身穿半身裙或者小脚裤即可，将人们的视线集中在上半身的正红色上，这样会衬托出红润的皮肤，不用太过浓重的妆容就能显出你的甜美可爱。

如今，复古风也分为很多种，其中千鸟格更是成为高端时装设计师钟爱的花纹元素。而红黑色又是不会出错的组合，正巧与你的服装搭配相呼应。

根据气温变化来增减衣物，外套除了可以选择羽绒服和呢大衣之外，也可以使用同为针织的长款宽松外套，长度选择与半身裙齐平，层叠中又带有统一。也可选择超长款的针织外套，让整体搭配形成内短外长的对比效果，这种搭配更为显瘦，同时也能衬托出你的气场。

除了短款套头毛衣，长款的堆堆领针织衫也是不错的内搭选择。微收腰的板型类似连衣裙，与紧身打底裤成为很好的显瘦组合，特别适合高挑的女性穿着，使得身体线条更为流畅。

8.2.2 摩登茧形大衣搭配

茧形毛呢大衣可谓时尚潮流中不可忽视的外穿单品，在20世纪五六十年代的好莱坞，每一位你耳熟能详的女星都是它忠实的用户。茧形大衣宽松肥大的板型凸显大气。如今它经过改良，舍弃了比较夸张的外扩感，长度也有所改变，更适合亚洲人穿着。

在前面的章节当中，我们提到过超长款大衣也适合矮个子的人穿着，那是因为普通的超长款大衣都是直筒H形和收腰A字形的，线条流畅，不会无谓地分割身高比例。

这里我们所说的茧形大衣一般呈0形，有些更夸张的则呈O形，相当于给胸部至腰部的这片区域打造出膨胀的效果。而这对于上半身比较臃肿的女性来说，会加大肥胖的视觉效果。个子不高的女性还会显得下半身更短，如同小矮人一般。

在喜庆的节日里，最受欢迎的茧型大衣莫过于红色系的，它能给肃杀的冬天带来暖意，还可以提亮肤色，红彤彤的主色让你显得特别健康且充满活力。

对于肥大板型的外套，内搭可以选择直筒款或紧身款的，这样形成里外对比的视觉效果。小胸女性最适合穿茧形大衣，它相对于修身型的大衣来说能起到"藏肉"的作用。内部搭配要注意营造收缩的视觉感，否则如同不断膨胀且将要爆炸的气球，让你本身略显肥胖的身材显得更加臃肿不堪。

红色与黑色是非常经典的搭配，红色的奔放与黑色的神秘相碰撞，更能凸显成熟女人的气质。为了使节日的装扮不显得那么沉闷，我们可以将内搭毛衣换成白色的，这样便成了点题的圣诞配色。纯白色毛衣更显简约气质，而带有雪花图案的毛衣则更能烘托出节日的气氛。

下装相比普通外套搭配建议选择更加紧身一些的。这种板型的大衣将粗臂、肚腩及粗大腿都一一遮盖，而与此同时打造出的纤细双腿效果则成了点睛之笔。怕冷的女性也不必担心，如今内部有抓绒加厚设计的裤装已经将温度与风度兼顾了，让你在冬天里也能瘦成一道闪电。裤子的颜色建议选择蓝色、黑色等深色系的，前者显得更加时尚，后者显得稳重而低调。

为了将腿部线条延长，可以考虑入手尖头的深色踝靴。若是稍带一点高度的后跟款型的裸靴，则能够为造型锦上添花，无形中拉长我们的身形。

因整体搭配偏向学院风格，包包推荐手提、斜挎两用的中小款型的包，与宽大的上衣形成强烈对比，显得小巧而精致。

8.2.3 羽绒服搭配

◇ 可爱短款羽绒服搭配

无论在圣诞节还是春节，除了红色是最受欢迎的喜庆色彩之外，白色也很受女性的青睐。一是它纯净的视觉感给人以高雅的感觉，二是与季节相呼应，仿佛是白雪皑皑的雪景一般亮眼，相较黑色的肃杀更显活力。

为了增添俏皮的日韩范儿，我们可以购买常规短款羽绒服，直筒板型或者微收腰的均可。带有羊羔毛装饰的更佳，它不仅保暖，毛绒感也会让人如拟人化的动物一般可爱。

下穿蓬蓬效果尚佳的红色绣花百褶裙，既能充当通勤装，又迎合了节日的欢快气氛。如遇上降温，换成稍厚的太空棉打底裙也是不错的选择。

对于对上半身保暖需求比较高的人来说，如此穿着会稍显臃肿。想要显瘦，可以将工夫花在下装的选择上。购买打底裤可注重保暖与防风双重工艺的，因为仅仅保暖而不防风，步行或骑车一族还是会感到双腿比较寒冷。氨纶面料的打底裤弹性较好，不会产生太紧绷的感觉，如果影响腿部的血液循环就得不偿失了。

如果你穿着厚打底裤，那么鞋子建议选择短款雪地靴或皮靴，这样不会将腿部的流畅线条截断。如果你选择轻薄的打底袜，那么这时可以选择高度过膝的靴子，将靴子打造成长裤的视觉感，这样就不会影响双腿的线条了。

对于20岁左右的女性来说，可以打扮得更"萌"一些，不少小物件刚好能够增添这种感觉。比如，入冬后很受年轻人欢迎的恶搞设计毛线帽，在给头部保暖的同时，也不忘走在潮流的前沿；如果觉得手部冰凉，不如买一两个卡通娃娃版的暖手宝，让人看一眼就觉得你与众不同，充满童趣。

　　除了应景的白色，灰色也是秋冬常见的色彩，只要搭配与选料得当，并不会穿出"奶奶色"的老气。在羽绒服的选择上，带有亮面涂层的灰色羽绒服不仅防风，还能够折射光线，显得时尚而富有活力。不过，灰色往往更偏于中性与洋气，为了增添俏皮感，内搭的毛衣可以选择糖果色系，以形成良好的视觉对比效果。

◇ 轻熟女长款羽绒服搭配

　　在圣诞节至春节这段时间，基本上可算是一年中最冷的时节，这时长款羽绒服便能发挥极大的效用。对于高挑的轻熟女们来说，长款羽绒服更是不二之选。

　　有人说，勃艮第酒红色过时了，如今是粉水晶色和宁静蓝色的天下。殊不知勃艮第酒红色介于沉闷的黑色和过于奔放的红色之间，就如同一杯越陈越香的葡萄酒，低调内敛却显得品位十足，给人沉稳又典雅的感觉，特别符合轻熟女的气质，且随着时间的推移历久弥新。

　　宽松的长款羽绒服与修身的打底裤能够搭配出极佳的显瘦组合，上肥下紧的视觉对比让你在冬日里也能显现出苗条的身材。即便穿上平底鞋也能够显高，因为如此装扮无疑将人们的视线全部集中到你细长的美腿上了。

　　可拆卸的帽子方便应对不同的天气变化，带毛领的设计更是将防寒、保暖都兼顾到，还能为你增添几分雍容华贵感。

如果不想花太多的时间在内搭的挑选上，那么推荐选择长款的针织衫，这样一件便能搞定内搭，再也不用费神短毛衣搭配什么样的热裤了。即便将外套脱去，也能展现如同连衣裙的视觉感，而且不会显得臃肿。

内搭的颜色可根据外套的颜色来决定，一般是对比色为佳，渐变统一色系也可以。切忌没有主次关系地进行选择与搭配，或内外色彩过多，导致敞开衣门襟后反倒拉低了整体穿搭的档次。

对于皮肤白皙的人来说，紫色也是不错的选择。为了显得不那么冷艳，可以挑选暖色占比较多的紫色服装。这样既带有蓝色的纯净与冷感，又不失红色的朝气和暖意。

如果你不太喜欢带帽子的设计，觉得那样比较厚重而有失轻盈，那么可以在网购的时候搜索关键词"立领""高领"或"保暖羽绒服"等，具有这一特点的羽绒服就像为你贴心准备了围脖一般，远看像是隆起的气垫枕头，非常俏皮。

如果长款羽绒服没有腰带设计，那我们选购的时候要注意板型。直筒带有微收腰的A字形下摆为佳，中部显腰细，下部宽松，方便穿打底裤。谁又能说羽绒服与时尚不能并存呢？

8.3 情人节甜美服装搭配

情人节是情侣间增进感情的好日子，或共进晚餐，或互赠礼物，或共同旅行，总之两个人在一起做什么都显得那么温馨、甜蜜。在这个节日里，穿衣打扮离不开的主题便是"甜美"二字，以红色、粉色、白色为主打，可集浪漫、热情于一体。

8.3.1 棒球风显嫩服装搭配

说起学生族的情人节，棒球风搭配是必不可少的。近年来棒球卫衣成了明星们出街必备的潮范儿利器，它宽松的板型不挑身材，并且无论与裤装还是裙装相配，都能显出活力，丝毫没有违和感。

既然是在情人节，喜庆的红色则是大家的首选，它能衬托出皮肤的白皙，经过光线折射到脸部，显得脸颊红彤彤的，气色特别好。

对于高个子的女生来说，服装的长短、颜色似乎并不是那么重要，因为身材比例的匀称、修长让她们无形中成为了"衣架子"，也就是我们所说的"穿什么都好看"。这里我们就来着重讲一讲小个子女孩们如何运用红色单品穿出显高的感觉。

在穿搭时注意将人们的视线集中到你的上半身，如此能有效避开你并不修长的双腿。上衣为鲜亮的红色，人们的视线很难转移到下半身。而红黑色又是经典的搭配，所以下装可以选择黑色的半身裙或者休闲裤。如果你选择红色系的裤装或裙装，那么瞬间就将自己的缺点毫无保留地暴露在众人面前了。

为了增加几分俏皮感，下装推荐百褶裙。根据天气情况，我们尽量选择材质稍厚的半身裙，如太空棉面料，它颇受喜欢韩式风格的人的青睐，它挺括有形的特性，分分钟就能帮助我们打造出好造型。此时不用担心裙摆因外力施压（如风吹）而变形或上翻后走光，蓬蓬的效果极显可爱气质。

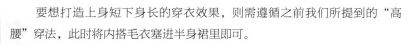

要想打造上身短下身长的穿衣效果，则需遵循之前我们所提到的"高腰"穿法，此时将内搭毛衣塞进半身裙里即可。

同色系外套与毛衣穿搭在一起会不会因为颜色太过相近而不容易分清主次？答案是肯定的。虽然如今同色系搭配大行其道，但也是有搭配技巧的，那便是注重层次感。只要同色系中的红色单品深浅不同，质感与用料不同，就能有效穿出层次感。有了下半身黑色裙子的衬托，能很好地凸显出上半身的亮眼色彩。

TIPS

关于太空棉

进入秋冬季节，网购中除了包含"毛衣""针织衫""棉服"及"羽绒服"等热搜关键词外，"太空棉"也迅速在半身裙、高端定制连衣裙装、棒球外套及T恤卫衣类中火速传播开。

太空棉最初应用于宇航员的宇航服中，是为探索太空领域而服务的棉材料。

如今，这种技术广泛运用于服饰、鞋帽、床上用品（记忆枕）及帐篷等制作当中。它有开放型的结构，具有超轻薄、超柔软、耐高温及保温性好的特点，蓬松感极好，回弹性佳。相较普通的棉、毛质的服饰而言，太空棉制成的成衣立体而挺括，不需要熨烫就能非常伏贴，能有效阻隔冷空气，保持体温，气温较低时穿着也没有问题。

清洗太空棉制品的时候，可手洗也可机洗。大体上来说由正规的太空棉材料制成的服装非常耐机洗，不易变形；如果是手洗，建议用刷子刷洗，避免因用力揉搓而破坏其表面的无纺纳米结构，而破坏它特有的保暖性能。

8.3.2 粉嫩柔情服装搭配

◇ 粉色大衣搭配

如果说棒球风的甜美搭配属于学生族恋人们的首选，那么对于轻熟女们来说，稳重气质款的典雅搭配就显得与年龄更相衬了。

除了正红色，粉红色也是情人节当之无愧的主打色，它能将你衬托得如公主般美丽，势必会迷倒对方呢。

由于情人节在2月14日，所以保暖不可或缺。此时，棉服、呢大衣等则是最佳的外套选择。大家可以根据自己的喜好及身材来选购外形、插肩及收腰等不同板型的呢子外套。想要穿出宽松、大气的视觉感，建议选择不同板型的大衣；而若是能选择修身板型的呢子大衣，则更能凸显女人味儿与优雅感。

往往车内都有暖气，坐车一族大可以穿比较轻透的单品，如丝袜、打底裤袜及小脚裤等，下车后也基本在室内活动，所以不用担心被冻到。如此营造出上宽下紧的视觉效果，非常显瘦。

在包包的选择上，建议以名媛系的为主，小巧一些才能使你显得更加灵动与柔情，而平日里上班通勤的大包就暂时让它们退居幕后吧。包包的颜色尽量与服装的颜色相呼应，若外套为白色或粉色，白色、黑色及粉色都是很不错的选择。

鞋子根据个人的喜好来选择，建议选择单鞋、踝靴及过膝靴。避免中筒靴，它尴尬的长度无疑会将下半身流畅的线条截断，导致整体搭配不太协调，且下半身也会显得更加臃肿。

在发型上，大家可以尝试卷发，首选大波浪卷发，它给人以大气、温柔与妩媚的感觉。

大衣的后腰部有别致的蝴蝶结装饰为佳，如此更能增添你的甜美之感。这样的细节让你即便只是背影也能迷倒对方。

◈ 粉色连衣裙搭配

如果你选择了粉嫩的内搭连衣裙，不如挑选复古宫廷风格的，且带有荷叶边、泡泡袖及灯笼袖口元素的尤佳，这样能凸显高贵、优雅的气质，又不失俏皮与可爱。粉色与黑色相碰撞，可集柔情、神秘、稳重于一体，最适合轻熟女们穿着，料子以保暖性佳的羊毛制品为主。

情人节当天，若气温较低，我们可以在配饰上下工夫，皮质的手套及羊毛呢礼帽都是不错的选择，与连衣裙的黑色相呼应。为了不显沉闷，包包建议选择与粉嫩色调相同的色彩，以增添复古学院派的味道。

8.3.3 驼色通勤服装搭配

情人节就一定是属于情侣们的吗？单身的女性也要保持心情愉悦，打扮得美一些，说不定你的Mr. Right就在街角。颇有品位的穿着和散发的自信气质，都将给别人留下不错的第一印象。

除了甜美的粉红色之外，轻熟女们的衣橱里必不可少的便是驼色大衣了。驼色带着红色的暖意，仿佛从大地的泥土中提炼而来，坚韧而稳重，给人带来时尚却不失高贵的气质。这正是一个优秀单身女性吸引人的地方，单身却不孤独，气场广阔如同大自然一般。

如今，英伦板型的宽松长款大衣颇受人们欢迎，既带着英气又不失柔美，而且有腰带点缀，使得你无论是敞开衣门襟还是扣上纽扣，都能拥有不同的风格与韵味。

敞开外套衣门襟的穿着方法我们在第2章通勤风格中已提到，非常适合层叠风的穿着，这种穿法对内搭要求会更高一些。而扣上扣子，系紧腰带则凸显了身体的美妙曲线，让人在寒风中都无法忽视。宽松而较长的下摆能有效遮住大腿，保暖的同时，又能遮掩局部的肥胖。

驼色与黑色的组合可谓最为安全的配色，并且显瘦与气质并存。

不过驼色偏暖，如果你的肤色偏黄，则不建议单独穿着，这时一条围巾便能解决这个问题。同时，若想更好地提亮肤色，围巾的颜色建议选择浅色系，如灰色、白色等。英伦格子元素的围巾更偏向学院派风格，戴上它更能凸显出你的时尚与干练。

如果内搭为白色，材质上应尽量选择厚毛衣或者打底衫等，太过轻薄的白色单品无法与沉稳的驼色相称，否则会呈现出一种"头重脚轻"的不和谐感。

雨鞋在欧美明星艺人的衣橱里已经悄悄地成了一种时尚的法宝，在搭配时可选择长筒或平跟踝靴款式的雨鞋。高个子女性推荐选择平底鞋，以尽情展现你纤细的小腿；若是小个子女性，则推荐及膝长度的雨鞋，如此能使得上下身衔接流畅。颜色建议选择黑色。这样的搭配既可以应对雨雪天气，又能当作搭配物，并且易清洗和擦拭，是多变的春季中必不可少的"心机"单品。

不同于名媛系的"小家碧玉"的感觉，驼色大衣的搭配给人"大家闺秀"的感觉，因此手拿小包就与整体风格不太相符了。此时选择中等或大板型的通勤斜挎、手提两用包非常不错，如此能营造出"小女人充满大能量"的画面感。

8.4　面料的选择与辨别技巧

在前面冬装面料小节中，我们已经提到了羊绒面料。除了羊绒大衣，最受欢迎的单品便是羊绒衫了，其保暖性深受人们的喜爱。

8.4.1 羊绒面料

羊绒俗称开司米，是生长在山羊粗毛根部的细绒，在入冬时起御寒的作用，而开春后随着气温回暖又会自然脱落。因其产量少和优异的保暖特性，在价格上堪比黄金。

羊绒衫是冬季颇受人们青睐的服装制品，其手感较软，轻薄但保暖性强，色泽柔和，视觉上给人一种舒适感。并且清洗后不太会缩水，回弹性佳，可谓既保暖又美观的佳品。

羊绒衫在价格上以羊绒占比的含量和克重来计算，纯羊绒衫（国家规定含绒量需在95%以上）在网络销售渠道中售价大多在400元~1000元。因原料、克重、薄厚、制作工艺、设计及品牌价值等不同，不同的羊绒衫价格也会存在很大差异。

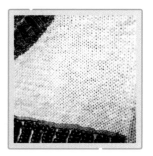

在网购时，网店通常会销售一些羊绒与人造纤维混纺的毛衣，这样可以有效降低成本，并且也符合普通年轻买家的经济承受能力与购买需求。

我国是世界上产羊绒的大国，品质较优，内蒙古鄂尔多斯市的鄂托克旗作为羊绒产地闻名中外。在网购时，我们在搜索宝贝范围的时候，不妨将卖家所在地筛选为内蒙古，以便尽可能地买到原产地直销的且品质有保障的羊绒衫，其价格也相对优惠一些。

TIPS

当然，羊绒面料的服装在穿着时也并非完美，它有个小缺点，就是保养不当会掉绒，如果白色的绒粘到了黑色的毛线上，则会非常显脏显旧。羊绒服装久置还容易被虫蛀。

在清洗羊绒衫时，切忌用晾衣架晾干。穿着时还需要防止一些金属装饰、配饰等摩擦，以防产生勾丝。但只要我们在穿着、洗涤时小心一些，这些问题也都能避免。

8.4.2 棉衣面料

"棉衣"一词是对包含了以棉纤维、羽绒纤维等进行填充的御寒衣物的统称。接下来给大家讲一讲它们各自的特点与网购时的选择方法与辨别技巧。

◇ 棉服面料

棉服和羽绒服外层面料往往分为很多种，依据穿者的不同需求而定，普通城市人日常穿着的以涤纶（同样也是防止钻绒的防绒层常用料）、锦纶为主。还有一些非常时尚的亮面漆皮，它是在原有面料的基础上淋漆，从而起到防水、防变形等功用，特别适合懒人一族穿着，因为即便沾上污渍、水滴也能够轻易打理和擦除。

对于天然的棉纤维面料，我们在第3章的面料小节中已提到，想必大家对它的保暖与吸湿性都有所了解。棉服的网络售价在150元~500元，常见的在200元~300元，价格实惠，且保暖性佳。

外层/防绒层面料

如果你在网购时，商家的商品详情页面上写明了是以天然棉纤维为原料填充的，而你在收货之后希望确认一下描述是否属实，这时在不破坏服装的完好性的前提下，可以使用钩针在外套的隐蔽处勾出少许的纤维来，然后对其进行燃烧。此时，天然棉纤维燃烧后用手指轻轻捻一捻就会变成灰烬，而人造棉纤维则会呈现圆球形状的黑色颗粒物。

若是发现购买的棉服填充物与卖家描述的不一致，我们可带着实验照片记录和商家宝贝页面的截图向相关部门投诉，受理后将物料寄送给质检部门进行权威鉴定，以便维权。

◈ 羽绒服面料

羽绒的保暖性能往往比棉花更好，所以当气温降至0℃左右的时候，以羽绒为填充物的外套就闪亮登场了。由它制成的服装比棉服更轻、更蓬松，且更为保暖，价格自然也比棉纤维填充的外套要贵。

真正的羽绒填充物为天然纤维，来自于鸭、鹅的腹毛，由于它的蓬松度优良，比起棉花的保暖性能更佳，这也是棉服没有羽绒服保暖的原因之一。

一般情况下，一件合格的羽绒服含绒量需在50%以上，推荐含绒量在70%以上的，因为这样更为保暖。网购时首先阅读产品参数一栏对含绒量的介绍，收到后再翻看吊牌，并对应查阅是否与描述相符。

这里要强调的一点是，含绒量与充绒量不是一个概念。在产品参数栏目里，也有对充绒量的描述，以克为单位，它表示充入服装里实际的羽绒克数，且随着服装尺寸的大小而变化。

我们以下面的数据作为参考，实际以网购商品详情页里的描述为准。

产品参数		
充绒量：150g	含绒量：90%	材质面料：100%聚酯纤维（通常指羽绒服外层面料与防绒胆用料）

羽绒服的充绒量往往跟服装板型和尺寸有关，而决定保暖系数的还是含绒量。以含绒量在90%以上的超轻短款羽绒服为例，网络售价在120元~300元，而长款与超长款、带有专利技术和颇具品牌价值的羽绒服会更贵，有些动辄就是好几千元。

过去，我们总以为衣服越厚越保暖，羽绒服也不例外，事实真的是这样吗?

如今，羽绒服已经从最初的保暖功能到兼具时尚特色，人们在防寒的同时对穿着美感的要求也越来越高，拒绝臃肿成了商家不断对这类服装改良的初衷。由此，超轻羽绒服便诞生了。

羽绒服并不是充绒越多，衣服越重，保暖功能就越佳。填充物的密度增加，保温的性能也会降低。充绒的蓬松度才是保温的关键，蓬松度越高，就会越包含隔热的空气。由于网购的局限，我们无法测试羽绒服的回弹性，所以在下单前请多留意买家评价并咨询客服。回弹越佳说明充绒蓬松度越好，同时也越保暖。

超轻羽绒服除适合都市年轻人对身形苗条的追求，更顾及了特殊需求的人群，如户外登山、滑雪及极地科考的人员等。穿超轻羽绒服时，保暖轻盈不会影响运动与作业。因其体积较小，非常方便收纳到背包中，可有效减少负重。

如果你觉得还不够保暖，不如提前网购一件修身的皮质小马甲，将其穿在羽绒服外，这样既给胸背加强保暖，又起到了收腰的作用，保暖与美观两不误。

◈ 羽绒棉

经常网购的人可能会发现，近年来在网上搜索"羽绒服"关键词的时候，往往会多了一个"棉"字，那么羽绒棉是什么面料呢？到底是羽绒服还是棉服呢？

羽绒棉，即仿丝棉，也属于涤纶纤维，它是由中空纤维和ES纤维原料经过加工而得到的保暖絮棉材料，既不是棉花也不是纯粹的羽绒。

因其保暖性能不差于棉服，所以广泛运用于外套、被单及坐垫等填充中。作为化学纤维，其成本较羽绒更低一些，更符合网购一族的快消需求。以其为面料制成的外套售价在150~300元，较羽绒服的价格来说还是很有竞争力的。

8.5 法定节假日与电商购物节抢购心得

如今，越来越多的购物节在电商平台上发起，如"双十一购物节""国庆购物节"及"圣诞购物节"等，这的确也给消费者们带来了不小的实惠。

那么我们应该如何提前做好购物准备才能在折扣活动期间买到心仪的产品呢？

首先将你挑选好的宝贝加入收藏夹或者购物车，这样方便登录账户之后直达商品页面进行购买，并且能时时关注商家的价格变动，排除为了做活动虚抬原价的嫌疑，避免打折后实际价格比平日高或者只比平日优惠很少等现象。

如果碰上的是预售商品，那么可以先支付定金，这样在活动当天就不用担心被后来者抢空了。不过定金通常情况下是不予退款的，如当天无法下单则作废，所以下定金前一定要三思，然后决定是否下单。此外，如京东"白条"类的信用付款方式在"双十一"等活动期间信用额度往往会有所提高，需要购买大件商品的用户建议领取，以方便资金周转。

对于限时秒杀的产品，我们要提前检查所处的网络环境，如网速是否较快，网络是否稳定，这样才不会在抢购时由于网络因素出现卡顿、死机等问题，导致错过购买良机。

必要的时候，还可以在手机等设备上设置闹铃，以注意抢购时间。闹铃时间设置在正式抢购前5~10分钟为宜，以便可以及时抢购，不至于因为学习、工作繁忙或者其他因素干扰而忘记下单。

秒杀当日，首先建议检查路由器、调制解调器及网线是否正常，或3G、4G网络是否正常、稳定。之后将你所使用的设备进行杀毒扫描，清理上网痕迹，加速优化等，另外关闭同时运行的其他程序。

通常电商平台与商户会对活动进行提前宣传，在此期间会发放优惠券与折扣力度的信息，我们可以在这个时间段先去领取优惠券、折扣券等，这样在购买支付时便可以直接享受优惠福利了。

如今导购便民网站越来越多，无论是PC（即Personal Computer，个人电脑）端还是移动端，它们每天都会提供成百上千的店铺打折优惠信息，买家不妨关注一下这些网站或相关手机应用。不过一定要在安全监测没有问题的前提下进行关注，谨防木马、钓鱼网站。

在抢购之前还要确认自己支付账户的余额是否充足，不足的则需要提前充值。还要确认信用卡与网络信用透支服务是否正常，额度是否足够使用等。开通快捷支付与小额交易免支付密码等更便于秒杀限时的支付方式。

此外，对于活动期间的商品物流运转与派送速度要有一定的心理准备，因快递在同一时间内增加了比平日更多的包裹量，所以在分拣、转运及派件的速度上会稍微减缓。加之如今寄收快递需要实名制登记，在一定程度上延缓了寄发包裹的效率。如果平时是1~3天能够收货的，那么活动期间往往会延长至3~7天收货，甚至更长。如果你要购买的是生活必需品或鲜活易损品等，那么建议提前或者延后购买，否则收货时效不能保证，尤其对于鲜活品来说，存活率会有严重影响。如2015年中秋国庆双节的大闸蟹网购热潮却换来快递爆仓，从而导致大闸蟹大面积死亡，这样既影响了消费者的消费情绪，更让卖家和养殖户损失惨重。

09

网购安全与写给
"剁手党"的一些话

9.1　网购防骗技巧

针对网购环境的安全性，首先我们需要安装杀毒软件及安保控件，这样即便你登录了克隆的木马网站，也会立即跳出警告与提示，方便将这些网站屏蔽。

同时，定期清理上网痕迹也非常有必要。应谨防聊天工具被盗号，或者无意点开木马短信链接，而让不法分子掌握你所有的个人信息、登录密码及支付密码等。

在电商购物平台中，首选的聊天工具应为该网站提供的官方通讯软件，切勿私自以第三方聊天软件进行交易，否则在维权的过程中举证不受采纳和保护。

在咨询商品详细情况时，避免直接与卖家进行电话沟通，否则无法保存聊天记录。除非你提前录音，方便申诉及维权。

不要轻易点击陌生人发来的陌生链接。以朋友名义盗号而展开的转账诈骗行为也经常发生，要谨防上当受骗。在受理之前可以先打电话询问亲朋好友，确认情况是否属实，再决定是否进行转账操作。

在这里，我们还涉及一些第三方绑定登录的网站。通常我们会使用微博、QQ、微信、支付宝等账号，以及邮箱地址和手机号进行绑定登录，以免除繁杂的注册步骤，并且能够及时收到各种提醒信息。但在便利的同时，也存在着很大的安全隐患，如果在更换手机号、手机被偷、账号被盗的情况下，没有及时修改绑定，那么这些账户信息则很容易落入不法分子的手中，从而让不法分子通过获取通讯录联系人、最近聊天联系人、聊天记录、云存储空间图片及文档等资料，开始对你的亲朋好友实施诈骗。

TIPS
对于旧手机的处理要慎重，将手机作为二手手机卖出去并不是一个很理想的方式。经相关技术人员实验证明，简单地进行删除联系人或短信以及恢复出厂设置等操作，不足以起到抹除全部数据的作用，必须经过相关技术人员的专业数据处理之后，才能够起到有效的作用。

综上所述，旧手机还是放在自家保存最为妥当。

对于经常使用的购物网站，我们要对其网址稍加记忆，这样即便有不法分子发送伪造的主页链接给你，你也能够从域名中看出端倪。

现在手机用户经常会接收到"××银行"或"××运营商"发送来的积分换现金、信用卡升级等短信，有些其实是犯罪分子利用伪基站伪造的，通过木马链接骗大家点击。如果你安装了手机版安全软件，则通常都会弹出红色警示语，遇此情况直接进行屏蔽即可。

如果无法甄别这类短信或链接，可以致电相关开户行或正在使用的运营商进行查询，避免点击链接后直接进行输入登录密码等操作。

如今，使用移动端设备扫描二维码支付、关注等功能深受大家青睐，因为其摒弃了出门必需带现金才能购物的麻烦，无论在时间、空间还是实际操作上，都提供了非常便捷的服务。

但是，久而久之这也使得大家养成了扫码的习惯，而犯罪分子就利用了大家这一心理，将木马链接转换成二维码，通过骗术使得大家在无意间进行扫描，这相比传统的钓鱼网址更为隐蔽，资金被盗也更为迅速。

所以，在外出时，建议大家不要随意扫描公共场合张贴的二维码，也不要随意扫描别人通过通信工具转发的二维码，要随时提高警惕。在这些环节中，我们需要多留一个心眼，因为如今骗子的骗术越来越高明，只有谨慎一些才能保障自己账户资金的安全。

9.2　网购账户安全设置

针对电脑端的账户环境，建议设置一个复杂的密码，包含数字、字母、字符。如果担心时间久了容易忘记，可以尝试写一段拼音或英文的短句，将每个字的首字母列出来变成缩写，如此便更方便记忆了。

设置支付密码时，切勿与登录密码相同。要安装安全证书，在使用银行卡支付的时候，可以选择安全盾支付方法，且必须外接银行提供的官方U盾，输入密码后才能支付成功。

为了防止未成年人摆弄成年人手机后误用支付软件付款，我们可以在支付程序中设置"手势密码"，并且关闭"小额支付免输入密码"和"银行卡快捷支付"等功能。

针对异地异设备登录，可以设置"动态密码口令"，在支付前必须用绑定手机输入这个官方网站所发送的随机数字，才能到达支付页面，并完成支付。

银行卡支付

密码设置

数字证书

安全盾使用

账户保护

如果第三方支付平台提供账户安全险，建议大家购买一份，这样即便发生账户被盗的情况，也能得到相应的赔付。

还可以安装"手机安全软件"，用来保障移动客户端的资金交易顺利完成，保障网购安全。

尽量避免在公共场所登录支付平台，如网吧、商店等。如果必须登录，请勿勾选记住密码，并且在退出账号后使用"安全保障软件"清除自己的上网痕迹。

对于手机、平板电脑用户来说，在公共场合尽量使用自己手机中的数据流量，避免因使用了公共Wi-Fi而给犯罪分子提供可乘之机。这时，他们往往会伪装成一个免费的热点吸引你"上钩"，从而盗取你手机里的个人信息资料，获取银行账户或第三方支付平台的用户名、密码等信息，然后使得你账户上的资金被转走或意外流失。

TIPS

此外，在海外购物的时候，应避免使用信用卡。

因为海外的信用卡支付大多数不需要密码，这也就增加了一定的资金风险。且由于此时我们的信用卡资料经由海外电商平台的网店保管，一旦出现账户被盗的情况，这些信息很容易被别人趁机利用，造成本人在不知情的情况下被别人盗刷信用卡的情况，而跨国跨境追责是件非常麻烦的事情。

如果大家必须使用信用卡、借记卡，推荐海淘买家注册一个叫作PayPal的账户。

PayPal为近年来颇受欢迎的国际贸易在线支付工具，它可以很方便地为买卖双方提供安全快捷的支付、交易跟踪及提现等服务，能有效降低网络诈骗的可能性，在很大程度上避免了买家的支付信息被盗取。

9.3 "剁手党"如何避免购物上瘾

说到"剁手党"一词，大家绝对不会陌生，该词主要用来形容那些购物上瘾的人。针对购物上瘾的人，往往是"买买买"就停不下来，即便不是自己特别喜欢的东西，也可能因为打折、秒杀而将物品尽收囊中，信用卡刷爆、白条透支现象时有发生，但到了还款日，那长长的账单和不小的还款数额又会让"剁手党"非常头疼。

随着手机应用和移动互联网的兴起，人们可以跨越空间和时间的阻碍，想买就买。各种便捷的支付方式、信用支付等服务的兴起刺激了消费，拉动了内需，也给"剁手党"增加了无谓的消费开支。

相关数据显示，我们所提到的"剁手党"往往以女性居多。那么如何"拯救""剁手党"，让他们从盲目消费转变为合理消费呢？笔者为大家支上几招，希望能对"剁手党"有所帮助。

不知大家是否听说过"狄德罗效应"。狄德罗效应是由18世纪法国哲学家丹尼斯·狄德罗发现的。起初，这位哲学家因为从别人送了一件漂亮的新睡袍之后，他便觉得自己的旧家具和这件衣服完全不相称，从此便开始不停地"买买买"，他将所有的旧家具都换成了新家具，而自己也成了这件睡袍的"奴隶"，日子过得十分凄惨。

简而言之，其寓意即指有些人在没有得到某种东西时，心里很平稳，而一旦得到了，却不满足。

翻阅完这本书的读者们一定会发现，有很多单品我们都是在重复利用，但是并不会给我们带来"怎么总是这双鞋"或"怎么总是这个包"的感觉，因为即便是同一个单品，经过不同的组合，也能创造出新意。

比较关注欧美明星街拍的人会发现，其实明星也会钟爱某几款鞋子、包包和太阳镜。这些单品虽然出镜率很高，但每次与不同的服饰相搭配，展现的时尚感截然不同。

因此，我们在购物的时候并不是越多越好，选择适合自己的就好，并不一定为一件衣服而将所有的配饰都配齐。在下单前考虑一下这些东西的使用频率，如果不是经常用到的则不建议过多购买。

下面我们以一项实验为例。国外的一项研究中，组织了一批志愿者，年龄在22~66岁，并让他们选择摆在自己眼前的最喜欢吃的食物，其中认为这个选择是正确的占了81.45％。接着将这部分志愿者安排在两周后再次进行测试，有近一半的被测试者全盘否定了之前选择的最喜欢的食物。这说明他们对自己的喜好预估是不准确的，因为大脑会模拟未来将要发生的事情，这一过程是虚拟的，携带着不少不现实的期许，从而让你对自己的选择过度自信。这个实验为我们诠释了为什么人们在迫切想要的东西到手后却发现并不是那么喜欢它，甚至一次都没有使用就当作"压箱底"了。

当我们在选择一样东西时，从众心理也在作祟。有时我们可能并不喜欢这个影片或电视剧，也并不喜欢去追捧一些购物节，但是又考虑到周围的人都在看某个剧，或都去某个集市购物，而自己没有去，也就失去了谈资；或者抱着试一试的心态，所有人都在跟风，那势必这些都是好东西，自己当然也不能落伍；或者别人都抢到了便宜，觉得自己不参与就是亏了……以上这些想法都会使我们冲动购物。

目前用手机购物越来越便捷，无聊的时候大家就想点击一下购物、导购应用。对于购物上瘾的人来说，这时一看到稍微心动的商品就想"买买买"。而要想摆脱这种局面，不妨试试卸载手机购物应用软件，取消大额或无上限支付权限，停用信用卡、网络信用透支服务等，让自己冷静一段时间，给自己一个改变习惯的过程。当你适应这些限制之后，那种强烈的购物欲望或许就会渐渐消退了。